國酒の地域経済学

伝統の現代化と地域の有意味化

佐藤 淳［著］

文眞堂

はじめに

(1) 國酒と地域経済

　中国の台頭に象徴されるような規模の経済から，欧州型ブランドのような価値（差別化）の経済へ，いいものをより安くから，より高くへ，量から質へと，日本経済や地域経済への希望は，方向性としては固まったように感じる。また，人口減少の局面においては，それ以外の選択肢に乏しいのも事実だ。

　実際に，コモディティ商材が減少を続け，量的には不振である日本酒が，中高級酒は好調であるなど，地域産業のなかには，その期待を現実化しつつある分野も散見される。

　規模の経済は，大きいことによる効率性を利益の源泉にする。それは，工場やビルのコストが表面積で，その性能が容積で近似されると考えると単純明解だ。表面積は 2 乗だが，容積は 3 乗である。大きくなるほど，コストより性能がアップし，効率的となる（2 乗 3 乗の法則：Besanko, et al., 2000，邦訳 p.88）。

　さて，以上は固定費の話だ。規模の経済が成立するには，もう 1 つ，変動費が固定費に比べ低廉である必要がある。オイルショック前の日本において，大規模な臨海型工場が成立したのは，そのためである。また，国際的に割高となった電力費のもとでは，中韓台のように巨大な半導体工場を成立させるのは難しい現状にある。

　このように，規模の経済の話はシンプルだ。3 次産業化に伴う東京一極集中もその一種である。では，製造業において規模の経済が成立し難くなったわが国はどうしてきたのか。それは，機能や品質を上げて，コストパフォーマンスを良くすることである。これは「いいものをより安く」と称され，世界を席巻した。

　コストパフォーマンスの追求を経済学では垂直的差別化と整理する。機能や品質，価格による差別化である（Besanko, et al., 2000，邦訳 p.260）。規模の経済は価格に焦点を合わせた垂直的差別化を実現する。しかし，規模の経済がオ

イルショック等で限界に達したのは上述の通りである。そして，機能や品質の追求も限界に達している。それは例えば，過剰な機能や品質がガラパゴスと揶揄されることに象徴される。

　機能や品質による差別化の弱点は，時間が経つと真似されやすいことだ。特許があっても，その権利は，いずれは切れる。なければ，そのタイミングはもっと早い。一時的には差別化に成功したものの，消え去るケースも少なくない。このように，独占的に差別化していた状況から，過当競争に近くなることを，独占的競争（Chamberlin, 1933）と称する。日本も 1980-90 年代は全体として差別化に成功していたものの，多くはキャッチアップされてしまった。その結果，地方にあった誘致工場も少なくなってしまったのである。

　では，どうすればいいのか。最も理想的なのは，フランスのブランドワインのように永続的な差別化を実現することである。差別化には垂直的差別化の他に水平的差別化がある（図 0-1）。機能や品質，価格のようにはっきりとした優劣ではなく，他の要素で顧客を引き付ける差別化を水平的差別化と称する（Besanko, et al., 2000，邦訳 p.260）。

　フランスのブランドワインは垂直的差別化だけではなく水平的差別化も活用している。パーカーポイントで高得点を獲得しているように品質でも高い評価を得ている。これは，垂直的差別化に該当する。しかし，それ以上の価格を実

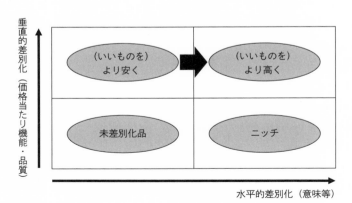

出所：筆者作成。

図 0-1　垂直的差別化と水平的差別化

現しているのは，地理的表示によって，水平的差別化に成功しているためだ。地理的表示は成功すると真似することが難しく独占に近くなる。

　ワインの場合には，品質を決めるブドウの出来が土壌や気候風土の影響を大きくうけるようにみえる。そこで，フランスは，当該土地の個性がワインの品質であるという，美意識・価値観を創造した。科学的には異論もあるが，これをテロワールという（Goode, 2014，邦訳 pp.31-72）。この美意識・価値観が消費者に浸透すると，フランスのブランドワインを真似することが不可能に近くなったのである。テロワールは水平的差別化の大成功例だ。

　日本経済の停滞は垂直的差別化への過度の依存にある。コストパフォーマンスの追求は一時的に成功し世界を席巻したが，既にアジア諸国にキャッチアップされている。ソフトウエア等の先端分野では米国に水をあけられた。水平的差別化を視野に入れることは，その隘路を開く重要な戦略となる。

　フランスにおけるワインに相当する國酒（日本酒及び単式蒸留焼酎）は，水平的差別化を実現しうる有力な産業候補である。その実現には，テロワールのように地域を活用した意味づけが重要なポイントとなる。本書では，國酒の歴史や製法から流通，差別化や観光に至るまで広範に検討した。そして，國酒の高付加価値化やブランド化に，大きな可能性を見出した。本書のような國酒産業の振興研究は，他の地域産業へ応用可能とみられる。地域から新しい日本経済が生まれる可能性を感じて頂ければ幸いである。

⑵　國酒における問題の所存

　國酒は近年大きな危機に直面しているとされる。消費量が縮小しており，国内における酒蔵の数が減り続けているためである（図0-2）。その理由としては，国内消費者の嗜好多様化に加え，国内における人口減少や高齢化の影響などが指摘されている（内閣府，2012, p.2）。

　また，國酒に関する先行研究も，国内市場の厳しさを指摘し輸出に着目しているものが多い。人口減少等による国内市場環境の厳しさは重要な指摘である。同環境を回避する海外市場への着目も，今後ますます重要性を増していくとみられる。本書では，先行研究の指摘を踏まえつつ，国内市場をより詳細に分析することによって，国内外に対応する成長戦略を検討したい。具体的には

国内市場の階層化に着目する。ボリュームゾーンであり生活必需品に近い大衆酒の領域は人口減少の影響が大きいものの，非日常的な贅沢品である中高級酒の階層では影響が少ないだろう。また，中高級酒は，海外の富裕層を対象とする輸出やインバウンドに向いた商材である。

　階層化へ着目することによって，経済原理との関係を明快にすることが可能とみられる。本書では國酒産業が階層化し始め，別々な経済原理が働きつつあるとの仮説構築を試み，その上で，需要・供給，双方の面から理論的，実証的分析を通して，同仮説の現実への適合性を検証していきたい。

　國酒企業は，これまで国内の単一市場を前提として行動してきたとみられる。それは，所得格差が少なく，人口が増えていることを前提としたものであった。その方向性は相応の成果を上げ，日本酒は高度成長期にかけて，単式蒸留焼酎は 21 世紀初頭にかけて，量的拡大を実現してきた。

　しかし，國酒は現在，量的縮小を余儀なくされている。他方で，国内所得の格差拡大や海外富裕層の影響により高級酒分野の萌芽がみられる。市場構造は変化したが，國酒企業の一部には需給間のミスマッチも出てきた。これが，國酒危機と認識されていることの内実なのではないか。

　本書は，市場階層と経済理論等の関係について，以下のように捉えていきたい。

　ボリュームが大きい大衆酒の領域では，規模の経済が働く。巨大な設備が参入障壁となり，寡占が成立しやすい。但し，同分野の日本酒は規模の経済を成立させるために安価な海外原料（アルコール）に依存している。舌が肥えた消費者は，そのような日本酒を回避しているために，同分野の日本酒は消費減少が著しい。

　大衆酒ほどのボリュームがない中級酒では，大きな設備は不要で，参入が比較的容易であることから，品質等による差別化（独占的競争）となる。高級酒は量が少なく手造りに近い形でも可能であるため，さらに参入障壁は下がる。しかし，酒の品質は投入コストによって決定されるため，利益よりも良い酒を造ることを優先することや，同思想を背景としたブランド戦略が重要となる。

　本書では，これまでの研究で明らかにされなかった國酒における規模の経済を，ボリュームゾーンである大衆酒階層に限定して適用されるものと位置づけ

たい。また，それ以上の中上級階層では，規模の経済よりも独占的競争やブランド化が支配的となっているのではないかと考えたい。

　すなわち，本書では，階層化という着眼点を持ち込むことによって，各階層に理論的な考察を加えた上で実証的に分析することが可能となったと考える。そして，これを踏まえて，各階層に対応した的確な成長戦略を導きたい。

⑶　本書の構成

　第１章では，まず國酒の定義を示す。國酒とは日本酒と単式蒸留焼酎（泡盛を含む）である。次に，國酒を振興する意義について述べる。そして，先行研究の不備や限界と，その問題を解決する枠組みを示す。國酒の階層化仮説である。

　第２章では，各酒類の歴史をまとめる。今日のような日本酒が各地域で製造可能となったのは1900年頃に軟水醸造法が発明された後である。その後，米不足や近代科学により製法が変遷し，そのような近代製法が高度成長にかけての量的拡大を可能とした。単式蒸留焼酎では，まず沖縄（琉球王国）において，多様な酒類が製造されていた。それが，明治以降に自家醸造の取り締まりを通じて，泡盛に統一されていく過程を述べる。また泡盛は，南九州に伝播し本格焼酎となった。泡盛の製法が南九州以北の本格焼酎に与えた影響を述べる。これら単式蒸留焼酎は21世紀にかけて量産化を進めた。

　第３章では，日本酒及び単式蒸留焼酎の製法と風味，原料と農業について整理した。日本酒の製法や風味が複雑であることが指摘される。その原因は日本酒の麹の性質による。単式蒸留焼酎の製法や風味は日本酒に比べれば単純である。その原因は単式蒸留焼酎の麹にある。但し，原料は単式蒸留焼酎の方が複雑である。それを活かした風味の複雑化が進みつつある。

　第４章では，近年における流通と内需，輸出を分析する。最近まで，全国は概ね単一の市場であった。しかし近年では，大衆酒，中級酒，高級酒といった階層分化がみられつつある。その経緯と要因を分析する。國酒の不振は，国民の國酒離れといったような単純なものではなく，市場構造の変化と企業戦略とのミスマッチではないかという仮説が導かれる。

　第５章では，近年の企業構造を生産関数等により実証的に分析する。日本酒企業は収穫逓減，単式蒸留焼酎は収穫一定であることが示される。日本酒企業

の収穫逓減は，ボリュームゾーンである大手企業の大衆酒に課題があることを示している。一方で，日本酒の中高級酒分野は，家業的小企業によって発展しつつある。また，単式蒸留焼酎では大衆酒分野は好調であるものの，中高級酒分野への出遅れが目立つことが指摘される。

　第6章では，市場構造（第4章）と企業構造（第5章）を対比させ，市場変化に対する企業の対応策を検討する。市場構造は3層に階層化されつつある。ボリュームが大きい大衆酒の領域では，規模の経済の追求による巨大な設備が参入障壁となり，寡占が有効とされる。しかし，日本酒では農業の低生産性を背景とした米以外の海外原料（アルコール）の影響から，規模の経済が限定的である。一方，諸原料の価格が日本酒に比べ低廉な単式蒸留焼酎には規模の経済が存在する。

　中級酒は品質等による差別化競争（独占的競争）となる。コストとのバランスも重視されることから，最新の科学技術を応用した高品質化とコスト効率化の両立戦略が導かれる。高級酒はブランド戦略が求められる。ブランドの構築には，商品に意味が付与されなければならない。日本酒には中高級酒に対応した動きがみられるが，単式蒸留焼酎にそのような動きは少ない。

　第7章では，國酒と観光の関係を分析し，地域経済活性化へのインプリケー

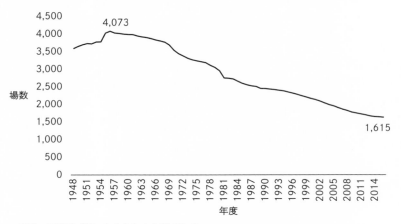

出所：国税庁『酒のしおり』より筆者作成。

図0-2　日本酒の製造免許場数推移

ションを示す。観光は地域経済の鍵を握りつつあるが，高付加価値化が課題である。高付加価値化には地域への意味づけによるブランド化が必要となるが，國酒がその役割を担うことによって，観光へ寄与する期待が示される。

目　　次

第1章

國酒の定義と振興の意義

第1節　定義

⑴　國酒

　國酒とは日本酒と焼酎である。政府（内閣府，2012，p.2）による「國酒等の輸出促進プログラム」では，その冒頭において「日本の『國酒』である日本酒・焼酎（泡盛を含む）」と述べ，それが「日本らしさの結晶」であるとしている。

　財務省の要職を歴任し，政府の事情に精通した佐藤宣之氏によれば，「國酒」という言葉が公式に初めて使用されたのは，大平元首相による。1980年1月5日の初閣議で大平正芳首相が「日本酒は國酒。特に外国の客をもてなす時は日本酒がいい」という発言をきっかけに「國酒」という言葉が使われ始めたとされている（佐藤宣之，2013，p.700）。

　その後，日本酒造組合中央会がその内容を定義した。日本酒造組合中央会では，2009年6月に沖縄で開催された通常総会において，「國酒」とは「日本酒と泡盛を含む焼酎とを指す」ことを機関決定したのである（佐藤宣之，2013，p.700）。

　焼酎には，単式蒸留焼酎と連続式蒸留焼酎がある（酒税法第3条，詳細は下記第3項参照）。しかし，日本酒造組合中央会には単式蒸留焼酎各社のみ加盟している[1]。したがって，日本酒造組合中央会における「國酒」とは，日本酒と単

---

[1]　日本酒造組合中央会の組合員数は，1,754社であり，その内訳は，清酒1,467社，単式蒸留焼酎274社，みりん二種13社である（2016年6月），同出所：日本酒造組合中央会HP「日本酒造組合中央会とは」https://www.japansake.or.jp/common/outline/index.html，2019年5月5日最終閲覧。

式蒸留焼酎（泡盛を含む）であると判断される。本書における國酒とは，この日本酒造組合中央会による定義を用い，日本酒と単式蒸留焼酎（泡盛を含む）とする。

　國酒には，そう呼ばれるだけに相応しい歴史がある。記録として最古とみられるのは，奈良時代の天平年間（729〜749）である。米を主原料とし，各地において国司のもと酒造りが行われていた（堀江，2012，pp.136-137）。

　日本酒の本格的な生産は，室町時代中期，奈良の寺院においてとされる（広常，2014，p.184）。江戸期には，概ね今日の製法に進化した。明治には，軟水でも十分に発酵できるようになり，灘以外の全国において，今日の風味に近い日本酒が実現されている（堀江，2012，p.266；藤原，1974，pp.73-75）。

　他方，日本に蒸留酒が伝播したのは，15世紀初頭，タイから沖縄にとする見方が有力である（小泉，2010，p.223；菅間，1975，p.765；米元，2017，p.125）。1429年には琉球王朝が首里の特定地域（首里三箇）に泡盛の製造を認めている（米元，2017，p.128）。その後，長い時間をかけて泡盛の製法を基にした単式蒸留焼酎が九州に広まった。

　このように日本酒と単式蒸留焼酎には，日本独自の酒類として長い歴史がある。しかし，政府があえて「國酒」として強調したのは，その重要性に対する認識が薄れていたためである。國酒プロジェクト（2012）の発意の1つには，ワイン等高級洋酒のブランド価値を評価するムードがみられる一方，日本酒・焼酎の魅力の認知は一部ファン層に限定されているきらいがあり，社会全体としての認知度は必ずしも高くないことがあるとされる（内閣官房，2012）。

　そして，政府（内閣府，2012，p.2）は次のように，國酒危機に対する現状認識を述べている。

　　「國酒が近年大きな危機に直面している。国内消費者の嗜好多様化に加え，国内における人口減少や高齢化の影響などにより消費量が縮小しており，国内における酒蔵の数が減り続けている。」

　本書では，國酒の危機を検証したうえで，経済理論を踏まえた成長戦略を検討する。

⑵　日本酒

　日本酒とは，米を原料とした日本独特の醸造酒である。清酒とも呼ばれる。酒税法では清酒と，地理的表示制度や日本酒造組合中央会では日本酒と呼んでいる。本書では，國酒を定義した日本酒造組合中央会の呼称に従い日本酒とする。

　酒税法第 3 条において，日本酒（清酒）とは次に掲げる酒類で，アルコール分が 22 度未満のものとされる。

　　㈠　米，米こうじ及び水を原料として発酵させて，こしたもの。
　　㈡　米，米こうじ，水及び清酒かすその他政令で定める物品を原料として発酵させて，こしたもの（その原料中当該政令で定める物品の重量の合計が米（こうじ米を含む）の重量の 100 分の 50 を超えないものに限る）。
　　㈢　清酒に清酒かすを加えて，こしたもの。

　このうち㈠は，純米酒・純米吟醸酒と呼称されているものである。㈡の政令で定める物品とは，米以外の穀物と，アルコール[2]やしょうちゅう，ぶどう糖，水あめ，有機酸，アミノ酸塩等である。酒税法は，日本酒の製法において，近代になって追加された添加物の種類と添加量の上限を定めたものとみることもできる。

　なお，日本の酒類規制は，主に酒税法による製造免許の許認可として実施されている。小売については自由化された。したがって，産業政策の観点からの規制ということができる。これは，酒税が明治期における税収の柱であったことに由来している。

　1899 年に酒税は地租を抜いて国税収入 1 位となった。それは，1930 年代に所得税に逆転されるまで継続する（国税庁「酒税が国を支えた時代」）。もっとも，今日では国税収入の 2.1％を占めるに過ぎない（2018 年度，国税庁，2019，「酒のしおり」，p.20）。

　そして，日本酒は消費量が減っていることから，需給を悪化させないために，新規の免許は許可されない。酒税法第 10 条第 11 号関係の酒類の製造免許の取扱いに関する法令解釈通達によって，日本酒における新規免許は，企業合

　2　海外産がほとんどである。

理化か共同びん詰め関連に限定されている。免許制度による保護体制は明治期の巨額な酒税負担の代償とされる（堀江，2012，p.278）。

　他方，米国のワイン産業では，流通の規制が厳しいが，参入は自由である。これは，アルコール消費に関する市場の失敗を規制するという考えに基づく。極端には禁酒法である。流通には厳しいが，製造は自由参入であるという規制は結果として，例えば米国ワイン産業における，中高級市場における新規参入の活性化をもたらしている（Thornton，2013，p.178）。

　さて，純米酒等の呼称は，清酒の製法品質表示基準（国税庁告示）によって定められている（表1-1）。8種類の呼称がある。吟醸酒，大吟醸酒，純米酒，純米吟醸酒，純米大吟醸酒，特別純米酒，本醸造酒，特別本醸造酒，である。これらをまとめて特定名称酒[3]と呼ぶ。精米歩合と原料によってその呼称が異なる。精米歩合が60％以下のものを吟醸，50％以下を大吟醸，米だけを原料とするものを純米酒，それ以外は本醸造と称する。吟醸以外の特別な製法には「特別」を冠に付与できる。特定名称酒は，酒税法よりも醸造アルコールの添加基準が厳しい。特定名称酒以外の日本酒は，普通酒や一般酒と呼ばれること

表 1-1　特定名称酒

特定名称	使用原料	精米歩合等	麹米％
吟醸酒	米，米こうじ，醸造アルコール	60％以下，吟醸造り	
大吟醸酒		50％以下，吟醸造り	
純米酒	米，米こうじ	―	15％以上
純米吟醸酒		60％以下，吟醸造り	
純米大吟醸酒		50％以下，吟醸造り	
特別純米酒		60％以下，又は特別な製造方法	
本醸造酒	米，米こうじ，醸造アルコール	70％以下	
特別本醸造酒		60％以下，又は特別な製造方法	

　　出所：国税庁「清酒の製法品質表示基準」の概要。

3　特定名称酒は高級酒とされることが多いが，本研究ではワインとの比較に鑑み，中級酒（プレミアム）と位置づける。高級酒（ラグジュアリー）は，特定名称酒をスペックではなく評価で超えたものと定義する。

が多い。本書では普通酒と呼称する。

⑶　単式蒸留焼酎

　単式蒸留焼酎は，米や芋，麦，黒糖等を原料とした，日本独特の蒸留酒である。酒税法第3条において，次に掲げる酒類でアルコール分が45度以下のものとされる。

- ㈤　穀類又は芋類，これらのこうじ及び水を原料として発酵させたアルコール含有物を連続式蒸留機以外の蒸留機（以下「単式蒸留機」という）により蒸留したもの。
- ㈻　穀類のこうじ及び水を原料として発酵させたアルコール含有物を単式蒸留機により蒸留したもの。
- ㈦　清酒かす及び水若しくは清酒かす，米，米こうじ及び水を原料として発酵させたアルコール含有物又は清酒かすを単式蒸留機により蒸留したもの。
- ㈥　砂糖（政令で定めるものに限る），米こうじ及び水を原料として発酵させたアルコール含有物を単式蒸留機により蒸留したもの。
- ㈭　穀類又は芋類，これらのこうじ，水及び政令で定める物品を原料として発酵させたアルコール含有物を単式蒸留機により蒸留したもの（その原料中当該政令で定める物品の重量の合計が穀類又は芋類（これらのこうじを含む）の重量を超えないものに限る）。
- ㈬　㈤から㈭までに掲げる酒類以外の酒類でアルコール含有物を単式蒸留機により蒸留したもの（これに政令で定めるところにより砂糖（政令で定めるものに限る）その他の政令で定める物品を加えたもの（エキス分が二度未満のものに限る）を含む。）

　各地域に固有の原料があったために，日本酒よりもバラエティに富んだ記述となっている。政令で定める物品も主に各種の地域原料である。もっとも，蒸留後に添加する砂糖は伝統的な製法と異なる。砂糖を加える上記㈬を除いた単式蒸留焼酎は，伝統を踏まえているとして本格焼酎と名乗ることが可能となっている。また，黒麹菌による米焼酎は泡盛と名乗ることができる（酒税の保全及び酒類業組合に関する法律施行規則第11条5）。

　まとめると，単式蒸留焼酎＝本格焼酎＋泡盛＋その他（蒸留後糖類等添加），となる。泡盛は沖縄の単式蒸留焼酎である。歴史的に最も古く，独自の発達を遂げた。また，九州以北では本格焼酎と呼ばれることが多い。糖類を添加する単式蒸留焼酎は，ほとんど存在しなくなった。

　本書では，泡盛と本格焼酎の両者を含む全体に言及する場合には単式蒸留焼酎と，区分する場合には，泡盛，及び，本格焼酎の呼称を用いる。また，多様な原料が用いられているが，単式蒸留焼酎で最も生産量が多いのは芋焼酎であることから（構成比5割：熊本国税局2017，熊本，大分，宮崎，鹿児島における2015年度の比率），芋焼酎を中心に記述する。

　単式蒸留焼酎に関する製造免許規制は日本酒に比べると厳しくないようにみえる。単式蒸留焼酎の製造は，九州以南に偏っている。したがって，地域別にみると，需要が供給を上回っているケースが少なくない。この場合は，製造免許が許可される。もっとも，単式蒸留焼酎は，九州以南に基盤を置く地域産業の側面が強い。当該地域において新規免許を取得することは困難である。したがって，事実上は日本酒と同様に厳しい規制下にあるといえる（酒税法第10条第11号関係の酒類の製造免許の取扱いに関する法令解釈通達）。

　なお，単式蒸留焼酎以外に，連続式蒸留焼酎が酒税法に定められている。これは，アルコール含有物を連続式蒸留機により蒸留した酒類である。単式蒸留焼酎を焼酎乙類，連続式蒸留焼酎を焼酎甲類と呼ぶこともある（酒税の保全及び酒類業組合に関する法律施行規則第11条5）。これは，かつての酒税法上の呼称である。

第2節　國酒を振興する意義

(1)　地域経済の課題解決

　経済産業省は，伊藤元重東京大学大学院教授を座長に「日本の『稼ぐ力』創出研究会」を2014年4月から2015年の6月まで開催した。同研究会は，地域経済の現状と対策を次のようにまとめている。

　少子高齢化と人口減少の進展，それによる経済成長率の低下により，地域に

よっては「無居住化」や「自治体が消滅」するおそれがある。特に，人口減少が著しい地域では，小売・生活関連サービス等の縮小・撤退により，地域コミュニティの維持が，早晩，困難になることが現実的に予測される。公共投資の縮小や企業を巡る国際競争環境の変化を踏まえると，これまでのような，公共事業，補助金や企業誘致など自治体横並びの施策により地域経済を持続させることは困難であり，地域の生存戦略たり得ない（経済産業省，2015，p.14）。

　今，地域に求められていることは，外部に依存することではなく，自ら自立的に「稼ぐ力」を構築することである。このためには，まず，地域自らが，客観的に地域の強み・弱みなど地域経済の姿を見極めることが必要である。そして，地域の強みを最大限に活かすため，有限な資源を地域自らの判断で選択と集中を行い，徹底的に無理・無駄を排除するという覚悟を持って，継続的に地域経済の生産性向上を推進していくことが求められている（経済産業省，2015，p.14）。

　このような厳しい認識のもと，地域経済は域外市場産業を重視すべきとして，次のように述べている。

　「地域経済は，地域外を主な市場とし，域外から資金を流入させ，地域経済の心臓部となる『域外市場産業（製造業，農業，観光)』と，地域内を主な市場とし，域外市場産業が稼いだ資金を域内で好循環させる『域内市場産業（日用品小売業，対個人サービス業)』に分けて考えることができる。域外から資金を流入させる域外市場産業は，地域経済の心臓部とも言え，域外から資金を稼いでくる産業の集積を促進し，競争力を強化することが重要である（経済産業省，2015，p.16)」。

　かつては経済が順調に成長していて，中央から地方圏に富を分配する余力があった。さらに，地域の人口も増加していた。このような局面であれば，外からの補助金や公共事業と，商業等の域内市場産業により，各地で豊かさを享受することが可能であった。しかし現実には，成長は低迷し分配原資に乏しく，人口も減少している。したがって経済産業省（2015）は地域自らが稼ぐ必要があるとしたのである。これは自明といってもいい。過去が特殊であったのだろう。いずれにせよ地方圏は，域外市場産業の振興を迫られている。

　経済産業省（2015）は，域外市場産業として，製造業，農業，観光をあげて

いる。製造業は，主に域外の資源に対し付加価値の高い加工を行うことによっ
て域外から稼ぐ産業である。農業と観光は，域内の資源を利用して域外から稼
ぐ産業である。製造業は原料代等が地域外（国外の場合も多い）に漏洩する。
一方，農業や観光は加工がなく付加価値が低い。

　これらの弱点を解決するのが國酒産業（日本酒，単式蒸留焼酎）である。國
酒産業は，主に地域内（国内）の原料を，地域内で加工し，地域外（国外）に
販売する。かつては，生活必需品として地域内への販売を主としていたが，今
日では差別化品（贅沢品）として，域外への販売が主となっている[4]。

　また，國酒産業は，原料代が地域外や国外に漏洩することが少なく，加工度
が高く付加価値が高い。これからは國酒ツーリズムのように観光拠点としても
期待される。國酒産業は，製造業，農業，観光に跨る存在である。國酒産業は，
経済産業省（2015）が地域経済の心臓部とした域外市場産業のモデルケースと
なりうるだろう。

　なお，地域経済の生産高を増やすことに限定すれば，ワイン産業や工場誘致
等も同じような効果を持つ。しかし，本書では，日本や地域の歴史や伝統を踏
まえた國酒の振興が重要との立場を取る。それは，明治維新以降の西洋文明・
文化への偏重が，同導入拠点である中央を強め，地方圏を弱めてきた可能性が
あるためだ。本書では逆に，伝統の現代化による産業振興の可能性を論ずる。
それは，伝統が色濃く残る地方圏の振興に繋がるだろう。

　國酒は我が国独自の酒類産業として長い歴史を有している。政府は國酒を歴
史や文化を活かした移輸出産業（＝域外市場産業）として振興する意向であ
る。そのためには，地域の歴史や伝統，風土を活かしたブランド戦略が重要と
なる。そして，それは他の伝統産業にも応用できる可能性が高い。國酒の振興
を研究することは，我が国独自の地域振興策を研究することに近いのである。

⑵　地域や文化を活かした移輸出産業という期待

　2012年5月に，古川元久・国家戦略担当大臣は「日本酒・焼酎の国家戦略推

4　2004年又は2010年から2014年の都道府県別消費量をみると，産地（日本酒：地方圏，単式蒸留
　焼酎：南九州）の消費量が減少する一方で，非産地（東京等）の消費量が伸びている（日本政策投
　資銀行，2017，pp.27-30）。

進：『ENJOY JAPANESE KOKUSHU（國酒を楽しもう）』プロジェクトの立ち上げ」を発表した。同日付の発表文書では，「日本酒・焼酎の魅力」，「日本酒・焼酎の国家戦略推進の必要性」，「『ENJOY JAPANESE KOKUSHU（國酒を楽しもう）』プロジェクトの進め方」について述べられている（内閣官房，2012）。

「日本酒・焼酎の魅力」としては以下の3点が指摘されている（内閣官房，2012）。

① 日本の酒造りは，米，水等の日本を代表する産物を使うのみならず，日本の気候風土，日本人の忍耐強さ・丁寧さ・繊細さを象徴し，いわば「日本らしさの結晶」。

② 東日本大震災の被災地を含む日本全土に及ぶ日本酒・焼酎の蔵元は昔から地域の活力を担うキーパーソンであり，地域活性化の観点から，また外国人観光客にとっても魅力的な観光名所として，潜在的な「地域発・日本再生の救世主」。

③ 従来は高品質の日本酒・焼酎と疎遠だった韓国，フランス，インド等でも，近年は日本酒・焼酎をPRするイベントが開かれ，また他国料理と日本酒・焼酎との相性の良さも認識されつつあり，日本酒・焼酎は「21世紀の異文化との架け橋」。

そして次に「日本酒・焼酎の国家戦略推進の必要性」として，政策展開の必要性が指摘された（内閣官房，2012）。

① 「國酒」と称されてきた日本酒・焼酎の魅力とは裏腹に，また，個々の会社・関係省庁・関係機関等による取り組みにもかかわらず，日本酒・焼酎の輸出は劇的に伸びるには至っていない。

② 我が国国内に目を転じても，ワイン等高級洋酒のブランド価値を評価するムードがみられる一方，日本酒・焼酎の魅力の認知は一部ファン層に限定されているきらいがあり，社会全体としての認知度は必ずしも高くないと思われる。

③ 人口減少や適正飲酒推進といった環境下，「日本らしさの結晶」である日本酒・焼酎の潜在力を引き出し，「地域発・日本再生の救世主」，「21世紀の異文化との架け橋」とするためには，個々の会社・関係省庁・関

係機関等の取り組みの補完として，オールジャパンで官・民が連携して，日本酒・焼酎の魅力の認知度の向上と輸出促進とに取り組む時が到来したのではないか。

④　以上の観点から，日本酒・焼酎の国家戦略としての「ENJOY JAPANESE KOKUSHU（國酒を楽しもう）」プロジェクトを立ち上げることとしたい。

政府は國酒産業について，日本や地域の歴史や伝統を踏まえた文化型の産業として，日本の魅力を伝えるものとして期待している。他方，現状は内外ともにその実力が発揮されているとは言い難いと判断した。そこで振興策として國酒プロジェクトを立ち上げた。同プロジェクトの提言は，「國酒等の輸出促進プログラム」（内閣府，2012）としてまとめられている。

そこでは，海外市場の現状把握，地理的表示，知的財産保護，商談会の促進，研修，産業基盤強化，酒造ツーリズムの推進等のプログラムが掲げられている。

注目すべきは國酒危機に対する現状把握である。同プログラムでは次のように述べている。

「國酒が近年大きな危機に直面している。国内消費者の嗜好多様化に加え，国内における人口減少や高齢化の影響などにより消費量が縮小しており，国内における酒蔵の数が減り続けている。」

繰り返しになるが，本書では，國酒の危機を検証したうえで，経済理論を踏まえた成長戦略を検討する。

(3)　國酒振興研究の現状

ここまでみてきたように，國酒産業は地域資源を活用した内発型の移出産業である。先行研究の中には，内発型の移出産業振興は，現代地域経済学における未解決の課題であるとの指摘がある（中村，2018，p.25）。國酒の成長戦略構築は，同課題解決に繋がる。

しかしながら，自動車産業[5]のような主要産業とは異なり，國酒には産業振興の観点からの研究が少ない。國酒に関する社会科学分野の研究の多くは，歴

史に関するものである。他方で，醸造や蒸留に関する化学的な研究も多い。こ
れらの研究については，國酒の歴史（第2章）や製法（第3章）等において，
それぞれ言及する。

　経済的な観点からの研究としては，経済地理学の研究が多い。臼井・張
（2010）のレビュー論文では，青木，寺谷，八久保，松田の4人が代表的な研究
者とされている。

　青木の主な研究テーマは，近世・近代の関東圏，特に埼玉県を中心とした酒
造業である。戦前の埼玉県における酒造業の盛衰要因について，流通や市場に
ついてだけでなく，酒造家の出身地に注目し，その違いを比較することによっ
て盛衰の差を明らかにした研究（青木，1998）が特徴的である。寺谷は主に日
本やアフリカの酒文化について書かれたものが多い。八久保には，会津若松産
地を対象にした酒造業近代化の成長過程に関する研究がある（八久保，2007）。
そこでは，戦前の地方酒造業においては，近代的企業よりも個人の家業存続が
優先されたことや，それが昭和の末期における日本酒の停滞の遠因になったこ
とが指摘されている。松田は酒造出稼ぎ労働の研究や，日本酒の流通について
の研究を行っている。松田（2004）は進展しつつあった規制緩和が酒類流通に
与える影響として，零細酒販卸や小売店が，新業態店の進出により淘汰されて
いることなどを考察している。

　酒類流通では，新潟大学において日本酒学を担当している伊藤が，酒造業の
供給構造と（1996），流通再編（2000）について酒米への影響等を含めて考察し
ている。酒類流通の規制緩和は2006年に完了している。その後の影響を含め酒
類流通を論じた研究としては南方（2012）がある。南方（2012）の研究につい
ては第4章（流通）で詳しく取り上げる。

　國酒経済に関連する先行研究は，これらのように戦前までの経済史的観点
か，自由化によって変貌しつつあった流通に集中していた。國酒の産業振興に
関する研究は少なかった。

　ところが，ここ数年，産業振興の観点から國酒を研究する機運が盛り上がり

5　例えば藤本隆宏・キム B. クラーク（1993）『製品開発力—実証研究 日米欧自動車メーカー 20 社
の詳細調査—』ダイヤモンド社など。

つつある。注目されるのは，新潟大学のように，新しい教育・研究分野として國酒を位置づける動きである。その嚆矢は，2006年に設立された鹿児島大学の焼酎・発酵学教育研究センターである[6]。但し，同センターは化学的な教育・研究に限定されている。日本酒では，2018年に新潟大学で日本酒学センターが，神戸大学で日本酒学入門の講義が，それぞれ発足した。これらの特徴は，化学のみならず，経済を含めた総合的な観点から國酒を教育・研究しようしているところにある。

　さらに新潟大学の日本酒学センターを中心として，将来的には学会に発展させることを念頭に，日本酒学研究会が2019年に設立された。設立当初の会員は15名である。このうち経済学・経営学の関係者は，阿部，塩澤，鈴木，都留，二宮，村山の6名である。

　これらの結果，日本酒の産業振興を念頭においた研究も出始めている。その多くは，活性化している輸出を念頭においたものである。例えば，日本酒学センターを発足させた新潟大の岸と浜松（2017）は，海外展開を念頭に日本酒の情報流通メカニズムを解明しようとしている。同じく，浜松・岸（2018）は，日本酒の海外消費実態を論じている。

　前野・粟屋・下斗米（2016，2017）は，千葉県の日本酒製造企業による海外市場創出のための市場調査及び企業行動調査を行っている。これは，JETRO，広島の酒造企業（三宅本店，賀茂鶴），山形の酒造企業（出羽桜），千葉県の酒造企業（飯沼本家，木戸泉）のヒヤリングをベースに日本酒産業の現状と課題を考察したものである。

　伊藤ら（2017，2018）には國酒を含む日本産酒類のグローバル化研究がある。これは，國酒である日本酒，単式蒸留焼酎に，ビール，ウイスキーを加えて酒類毎にグローバル化を考察したものである。日本酒に関しては，中国（上海，香港）における現地調査や，山口の旭酒造㈱による中級酒現地生産に関する言及がある。

　輸出に限らず日本酒の産業振興全般を対象とした研究としては，山田（2015，2016）がある。山田（2015，p.313）は，国内市場の成熟化に対応する戦略が必

6　2006年開設の焼酎講座を母体に2011年に焼酎・発酵学教育研究センターとなったもの。

要であり，輸出が重要であることや，そのような環境においても多くの小規模零細企業が生き残っていることを指摘した。そして，規模が小さいことが競争優位にマイナスに影響するという単純な考え方では不十分であり，生産石高の違いという視点を組み込んで戦略の方向性を研究することが今後の課題であると整理している。

　日本酒における規制の影響や規模の経済まで幅広く捉えた研究としては，右田（2014）がある。右田（2014, pp.103-105）は，日本酒の消費が低迷している要因として，規制や保護がイノベーションを阻害した可能性を述べている。また，その結果，零細な欠損企業が長らく存続してきたと指摘する。そして，1999年から2010年における日本酒企業の経営指標を分析し，一定の規模の経済が働いていることを確認しつつも，規模の大小が必ずしも経営効率に即影響するとは限らないと述べている。

　先行研究が指摘する国内市場の成熟は重要な観点である。また，輸出は今後ますます重要になるとみられる。本書では，先行研究の指摘を踏まえつつ，国内市場をより詳細に分析することによって，国内外に対応する成長戦略を検討したい。

　先行研究は，日本酒産業における規模の経済の有無について，明快な結論を出していない。規模の経済が存在すれば，規模の拡大が成長戦略となる。また，規模の経済が存在すれば寡占戦略が有効となることから，規制や保護は規模拡大を促す一種の振興策・成長戦略と考えることも可能である。

　本書では，異なる原理が支配する領域（階層）は，違う原理で説明されると推察した。同推察は海外のワイン産業における先行研究を応用したものである。ソーントン（Thornton, 2013, pp.184-186）は，米国のワイン産業について，階層毎に別々な経済原理が働いていると述べている。

　そこで，本書では，海外のワイン産業と同様に，國酒産業が階層化し始め，別々な経済原理が働きつつあるとの仮説を構築し，同仮説を需要・供給，双方の面から理論的，実証的に検証する。

　まず，消費市場の階層化分析（第4章）を実施する。次に供給側に経済理論を適用し，ボリュームゾーンである大衆酒分野では規模の経済が，差別化が重要となる中級酒以上では独占的競争[7]やブランド化が重要となると考察し，そ

れぞれ理論的な考察を加えた上で実証的に分析する（第5章）。そして，これらの考察や分析を踏まえ，市場階層や生産石高の違いに対応した振興戦略について検討を行う（第6章）。

　なお，ブランド戦略については，ヴェブレン（Veblen, 1899），ライベンシュタイン（Leibenstein, 1950），ヴィネロンら（Vigneron & Johnson, 1999），ワイク（Weick, 1995）の先行研究をベースに論じた。

　歴史や製法を含めた先行研究と本書の関係は図1-3の通りである。先行研究は分析的視点から細分化されている。しかし，全体像がなければ，國酒における危機の存在や弱点を考察することが難しい。本書では，まず先行研究を統合した。そして，歴史と製法から，國酒には伝統と科学の2系統があることを明らかにした。次に，戦後優勢となった科学は，規模の経済と独占的競争による進化をもたらす一方で，付随する同質化が課題と考察した。その結果，市場は階層化の過程にあり，大衆酒には規模の経済が，中級酒には科学品質（独占的競争）が，高級酒には伝統によるブランド化が課題を解決するとの仮説を構築し，データによる実証分析や企業への聞き取り調査によって検証した。

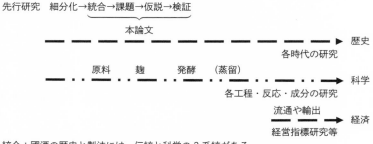

統合：國酒の歴史と製法には，伝統と科学の2系統がある
課題：科学による規模の経済やコモディティ化と伝統のバランス
仮説：異なった経済原則分野によって階層化されているのではないか
検証：理論的検証，データによる実証分析，企業の聞き取り調査

　出所：筆者作成。

図1-3　細分化されている先行研究と本書の関係

7　クルーグマン（Krugman, 1980）が論ずるように，規模の経済と独占的競争の両立も仮定できなくはない。しかし，第3章で分析されるように，日本酒では精米歩合が高くなる中級酒以上では，原料代が嵩み規模の経済が働き難くなる。したがって，本研究では独占的競争に焦点を当てた。

第2章

國酒の歴史

第1節　日本酒の歴史

⑴　全体像

　日本酒の歴史は技術的な観点から2段階に整理される（⑵以下を整理したもの）。

　長く積み上げてきた東洋的な技術が開花し全国に普及した戦前までと，明治以降に導入された科学的知見が全面的に適用された戦後である。

　戦後は，より細かく前半と後半に分けることができる。普通醸造法等（詳細は⑷参照）による量的な拡大を果たした高度成長期までと（～1970年代），量から質への転換が進んだ1970年代以降である。

　消費量のピークである1975年から2015年にかけて，日本酒の消費量は1/3に減少した（1975年→2015年：1675千kℓ→556千kℓ，『国税庁統計年報書』）。一方，単価は1.9倍となった（1975年→2015年：366円/リットル→698円/リットル，経済産業省「工業統計」品目編）。

⑵　日本酒に至るまで

　日本酒の製造は古代から行われている。その製法は大陸の影響が大きく，中国における醸造酒製法の進歩に伴い，日本酒も変化してきた。中国の醸造酒製法は，宋の時期に概ね固まっている。それが数百年かけて日本に伝わり（室町期），今日の日本酒の原型となっている（堀江，2012，pp.110-125）。

　中国と日本では自然環境が異なり，完全な模倣では上手くいかなかった。そのため，その後数百年かけて改良が行われた。今日の日本酒の風味に近い製法

表 2-2　中国の醸造酒と日本酒の比較

	中国の醸造酒 （≒紹興酒）	日本酒
カビ	クモノスカビ	黄麹
麹原料	麦餅麹 （生麦）	米バラ麹 （蒸米）
アミノ酸（味）	多い	少ない
有機酸 （味，腐敗防止）	多い	少ない
水（発酵）	硬水	軟水 （→吟醸酒）

出所：筆者作成。

が全国に浸透したのは，明治後期の 1900 年頃である（青木，2000，pp.682-688）。

　中国の水は発酵を補助するミネラルが豊富な硬水である。また，酸を多く出し腐敗しにくいクモノスカビを容易に得られた（岡崎，2009，p.954）。酒造りに向いていたのである。

　一方日本は，ミネラルが少ない軟水環境で発酵し難い。また，酸が少ない黄麹を利用せざるを得なかった（上田，1999，pp.139-141）。酸が少ないと腐敗するリスクが高い。酒造りには難しい環境である（表 2-2）。

　日本酒の本格的な生産は，室町時代中期，奈良の寺院における菩提泉と呼ばれる製法から始まったとされる（広常，2014，p.184）。菩提泉は，中国の製法を導入し，生米に少量の飯米と水を加えて乳酸発酵させ，そこに蒸米と麹を加えて発酵させるものである（松澤，2011，p.473）。

　しかし，中国ほど発酵条件に恵まれなかったことから，アルコール発酵が進まずに糖が残り，風味は甘酒に近い甘口で，アルコール度数も低かったと推測されている（広常，2014，p.186）。

　江戸期に入ると，生米を使う中国式の乳酸発酵に代わり，蒸米に水を加えた後に，櫂によって米をすりつぶし，乳酸発酵を促すことによって雑菌汚染を防止する生酛方式が発明された（元禄時代）。生酛は，酸の生成が弱い日本酒麹（黄麹）の弱点を補完し，さらに，味に深みを持たせる効果を有する（和田，

2015, pp.167-168)。

　それでも江戸中期までの日本酒は発酵が弱く，糖が多く残った甘口の酒であった。今日の風味に近い日本酒は，江戸時代末期（1850年頃），灘において硬水の井戸（宮水と称される）が発見されて以降とみられている（堀江，2012，p.266)。

(3)　軟水醸造法による銘酒の誕生

　ところが，明治に入るとそれまでの日本酒の製法を蔑視する傾向が強くなる。西洋文明を導入し富国強兵を図る潮流の中で，日本的なものが蔑視されたのである（Pyle, p. 邦訳 pp.41-46)。

　例えば，西洋では醸造は科学だが，日本酒には学理がなく，腐敗を防げないとの見方が出てくる。『興業意見』（1884年）にて各地の地場産業振興を説いた前田正名（1850年鹿児島生まれ，1921年没。内務省，大蔵省，農商務省等の官吏として殖産興業政策を立案。その後，貴族院勅撰議員。男爵）ですら，日本酒の醸造は，非科学的，伝統的な技術体系にあって，水準は低いと述べていた。西洋科学の学理を基礎とした醸造法に変えなければならないと言うのである。しかし，西洋科学の応用とは，ビール醸造技術の機械的な適用が念頭にあった。これは，日本酒技術とのミスマッチから失敗に帰する（藤原，1974，p.55)。

　一方，灘からの技術導入が遅れていた地方の酒造は，一定の技術体系を持たない自家醸造に近い酒造りであった。これは俗に酒屋万流と称されている。しかし，灘酒が1880年代から地方への進出を始めたことに対抗するため，生酛等の灘酒造技術を導入し始めた。これは政府における酒税の着実な取り立てや，自家醸造酒の撲滅にも適った動きであった（藤原，1974，pp.58-59)。

　しかし，各地における灘の酒造技術導入は簡単にはいかなかった。灘の水は硬水でミネラルが多く，生酛造りを支える亜硝酸反応を起こしやすかった。他方，日本の多くは軟水でミネラルが少なく，発酵が上手く進み難かったためである。水が違うことは，当時はあまり認識されていなかった。初めてそれが示唆されたのは，1893年に京都伏見の酒造家である大八木氏が，灘と広島の水の違いに言及したこととみられている（藤原，1974，p.72)。

　このような指摘を受け，広島の醸造家である三浦仙三郎は1898年に軟水醸造法を開発した。また，ほぼ同じ時期に福岡の小林作五郎，蒲池源蔵，宇都宮正，首藤有紀らも軟水醸造法を発見しているとされる（藤原，1974，pp.73-75）。

　軟水醸造法とは，麹を丁寧に育て，麹から溶出するミネラルにより，軟水でも硬水と同じような発酵環境を整えたものとみられている（佐々木ら，2017，p.260）。軟水醸造法は，軟水による生酛造りを可能とした。またそれだけではなく，腐敗し難い低温で長期間の発酵をさせた副産物として，吟醸香を醸すことに成功した（佐々木健・佐々木慧，2016，pp.33-34）。吟醸香は，酵母にストレスをかけることで生成される（堤，2011，p.719）。軟水醸造法は，その条件を満たしていたのである。

　日本は酒造りに難しい環境であった。水が綺麗（軟水）で発酵が進み難く，カビ（黄麹）の殺菌能力も低かった。しかし，米を活用して乳酸発酵を促進する生酛や，生酛を軟水で可能とする軟水醸造法（＝麹の活用）の発明によって，難しい環境を克服した。その結果，米の旨み（生酛によるアミノ酸の連鎖：ペプチド等）や，吟醸香を具備した銘酒となったのである。今日では多くの蔵元が，かつての弱点であった水の綺麗さを差別化の源泉と認識するに至っている。

⑷　生産性重視への転換

　生酛は，人手や時間がかかる難点があった。蒸米に水を加え，櫂ですりつぶすことによって乳酸を生成し雑菌汚染を防止するのは，それだけ大変だったのである。これに対し，乳酸を直接投入する手法（速醸）が，江田鎌次郎を中心に1909年に完成した。生酛では約1ヶ月を要していた酒母工程は，速醸の発明によって10日ほどに短縮された。江田は西洋ではアルコール製造の際に乳酸を応用した技術があると認識していた（堀江，2012，pp.293-295）。速醸は，西洋科学の学理応用の一環であったのである。

　もっとも速醸は急速には普及しなかった。1925年において，速醸を採用している割合は，北海道6.3％，東北27.7％，関東17.5％，中部22.7％，近畿・四国2.3％，九州4.3％である。酒造技術が遅れていた東日本には一定の浸透をみているが，先進地域である西日本ではあまり使われていない（青木，2000，

p.688）。

　しかし，今日ではほとんどが速醸に転じている。その間の経緯は不明な部分
が多いが，日中・太平洋戦争を契機とした品質悪化により伝統を守る動機を喪
失したことや，高度成長の結果，人件費が高騰し，人手や時間を要する生酛づ
くりを維持できなくなったためとみられる。

　日中・太平洋戦争を契機としたより大きな変化は，大々的なアルコール添加
である。

　1937 年に日中戦争が勃発すると，翌年から生産できる石数の制限が始まっ
た。1937 年に 4 百万石であった日本酒の生産量は，1939 年には 2 百万石へ，
1945 年の終戦時には 1 百万石，終戦直後の 1949 年には 0.7 百万石まで縮小した
（鈴木，2015，p.166）。

　この減産の最大の原因は原料米の不足である。酒造米を節約するために，ア
ルコールを添加する新しい酒造法が開発された。この試みは 1939 年から満州
において始まった。1942 年には日本政府が国内の酒造家に対しアルコールの使
用を許可した（鈴木，2015，pp.167-168）。

　戦後も米不足や食糧管理法の制限により，アルコール添加が継続された。風
味の補完には，糖類等の添加も許された。製法は添加物が少ない普通醸造法
と，添加物が多い増醸法の 2 種類が，国から認められた（古市，1985，pp.586-
587）。

　普通醸造法では，純米酒の 2 倍の酒を醸造することができた。さらに増醸法
では，純米酒の 3 倍の酒を醸造することができた。このことから増醸法による
日本酒は，3 倍増醸酒とよばれた。増醸法は 2006 年に廃止されている（鈴木，
2015，p.168）。

　両製法とも，アルコールや糖類等の添加が前提にあり，違いはその程度で
あった。これらを全く添加しない製法が標準であった戦前とは大きく異なる状
況が生じたのである。

　アルコールや糖類等の添加による日本酒の醸造は，1922 年に鈴木梅太郎が開
発した合成清酒を基礎とする。これは精緻な成分分析と厳密な製成管理の技術
が求められることから，科学的な製法ともいえる（鈴木，2015，p.169）。

　この製法が戦後，高度成長期にかけて急伸したのは，機械化や大規模化との

相性が良かったためである。戦後暫くすると米不足は解消されたが，農家保護の観点等から高米価政策がとられた。高い米価のもとでは，変動費である原料費が高くなり，規模の経済は限定的となる。他方，アルコールを添加すれば変動費が下がり，固定費の割合が高くなることから，規模の経済が働く。普通醸造法及び増醸法は，原料米の高騰によるコスト増を回避できるだけでなく，設備投資による規模の経済を享受できたことから急速に普及する。

　しかし，日本酒の国内消費量は伸び悩むようになる。消費者が普通醸造法や増醸法による日本酒の品質に満足しなくなったためだ。黒沢（1977，pp.764-765）は，日本酒の平均的な品質は，高度化する需要に対応できておらず，所得の上昇に応じて他の酒類にシェアを奪われることを予測していた。日本酒の国内消費量は1975年度をピークに減少に転じ，今ではピークの1/3に過ぎない。

(5)　科学や機械と品質

　機械化は品質の妥協や規模の経済だけをもたらしたわけではない。品質において著しい進歩をみせた面もある。精米である。1930年代の後半から高性能の精米機が普及し始め，それまで85-90%程度だった精米歩合は70%まで進んだ。1990年代にはコンピュータの導入が進み，特殊技術がなくとも，20%以下の精米歩合が可能となっている（堀江，2012，p.298）。

　衛生環境も進化が大きい。1960年代には，木製ではなくホーローやステンレスのタンクや，輸送ポンプが導入された（堀江，2012，p.298）。

　微生物環境ではバイオテクノロジーの応用が進んだ。日本酒における最初の酵母分離は1893年である。この酵母は現在ではほとんど使われていない。現在利用されている最古の酵母は1930年に分離されたものである（秋田・6号酵母）。戦後，酵母は日本酒品質の変化に対応して大きく進化する。画期は1953年の9号酵母であり，酸が少なく香気が高く，吟醸酒の発展に大きな役割を果たした。その流れは2006年の1801酵母まで続く（吉田，2006，p.910）。

　これらの吟醸酵母が開発されるまでは，低温かつ酵母にストレスをかけて吟醸香を多く生成することが，吟醸酒の醸造方法であった。香気成分を産する酵母の育種開発は，吟醸造りに対し大きな技術革新をもたらした（堤，2011，p.719）。

　明治以降の機械化による近代化は，生産の効率化や衛生管理，精米，吟醸造り等において効果を上げた。しかし，その一方で，近代化や戦争を契機として，明治にかけて蓄積してきた生酛や麹（軟水醸造法等）に関する技術体系を失った。しかもそれは，それらの科学的な解明が不完全なままであった。例えば，酒造りの第一のポイントとされている麹の役割についても，分析的に数値で示すことは現代でも困難とされている（秋山，1994，p.60）。

　また，生酛の発酵メカニズムやそれが風味・機能に与える影響もよく分かっていない。それは，現在でも研究対象となっているほどである（郷上ら，2012，p.4）。生酛は，蒸米に水を加え櫂ですりつぶし乳酸菌を生成することによって雑菌汚染を防止するものである。1909年に直接乳酸を添加する速醸が開発されたため，今ではほとんど実施されていない。

　結果として，麹や生酛は，その効果が不明なままに，人手や伝統よりも，機械や科学が重視される風潮となった。そして機械化（自動製麹機等）や省力化（蓋麹→箱麹，人手や時間を要する生酛→乳酸投入：速醸）が進められた。さらに乳酸以外の添加物や，アルコールの大量投入が，科学重視の帰結としてもたらされた。

　西洋科学を重視した近代化は，精米技術の進歩のように品質の向上に寄与する面もあった。しかし，生酛から速醸への転換や，麹の役割の低下，吟醸香酵母の偏重，アルコールの大量添加などによって，全体としてはむしろ品質の悪化や個性の毀損をもたらした。その結果，高度化する消費と離齬をきたし，長期低迷をもたらした可能性が高い。

　特に影響が大きかったのは，アルコールの大量添加である。アルコールの大量添加は，高価な米に安価なアルコールを添加することによって変動費である原料価格を下げ，規模の経済を可能とした。その結果，大規模なタンクなど大型設備による大量生産が可能となった。高度成長期には，ほぼ全量がこの製法となった。日本酒産業は，大型設備による効率的な産業となったのである。蔵元は大いに潤った。しかし，高度成長期以降，品質を重視しだした消費者とのかい離が大きくなり，同製法による日本酒は消費量を大きく減らしている。

　他方，最近では，アルコール添加が少ないか全くない中級酒（特定名称酒）が人気となり，日本酒再興の兆しが出て来ている。東日本大震災以降，アル

表 2-3　日本酒の近代化

	日本酒
江戸時代	前期：生酛（乳酸生成）：超甘口 末期：灘（硬水＆生酛）→辛口
戦前	軟水醸造法発明：麹→ミネラル 生酛→全国へ浸透
戦中	純米→アルコール添加
戦後	アルコール添加 生酛→速醸（乳酸添加）
21世紀	戦前への回帰（若干）

出所：筆者作成。

コール添加がない純米系は急伸に転じた。好調な輸出も特定名称酒が中心である（伊藤ら，2017，pp.3-10）。もっとも，これらは高価な米を主原料としていることから，変動費が大きく，規模の経済による効果は少ない（表2-3，図2-4）。

(6)　旧来の製法を応用した新しい日本酒

　伝統的な製法の復活において，先駆的役割を果たしたのは，京都伏見の玉乃光酒造㈱である。玉乃光酒造㈱は，1964年に純米酒を無添加清酒として名づけ，販売に踏み切った。しかし，一般的な経済酒（普通酒）に比べ価格が2倍もすることがネックとなり，販売は伸び悩んだ。玉乃光酒造㈱は，販路を開くために，1969年に東京都心に直営料理店を開く。その後，名古屋，大阪にも出店している（藤本・河口，2010，p.72）。旧来常識にとらわれている卸を避け，自ら消費者に訴えることを選択したのである。

　1970年代に入ると徐々に純米酒復興に関心を持つ同業者が現れた。1973年，玉乃光酒造㈱を中心に，純米酒の復興に関心を持つ全国各地の中小酒造業者16社によって，純粋日本酒協会が設立された（藤本・河口，2010，p.73）。

　その当時，純米酒が浸透し難かった背景としては，日本酒の級別制度がある。当時の日本酒は製法にかかわらず，特級，一級，二級，に区分されていた。

　日本酒の級別制度は1943年に制定され，1949年に特級，一級，二級の三段階制に改定されたものである（1992年に廃止）。税額は特級が最も高く，一級，

二級と低くなる。当初は，贅沢品には高額の税をかけるという発想があった（梁井，2019）。

　制度が廃止される直前の1989年4月における1リットル当たり酒税は，特級571円，一級280円，二級108円である（柴田，1989，p.204）。

　特級又は一級と認定されるには審査を要する。二級は不要であった。坂口（1997a，p.310）によれば，全国の酒の大部分は審査を希望しておらず，二級酒でありながら，特級，一級に匹敵，凌駕する場合も少なくなかったようである。

　その結果，級別審査を受けずに二級酒とする蔵が現れる（梁井，2019）。その嚆矢は，宮城県の㈱一ノ蔵による，1977年の無鑑査酒である。他の蔵も追随し，級別制度は有名無実化し，同制度が廃止（1992年）される契機となった。級別制度に代わって導入されたのが，特定名称表示（1990年）である。同表示が開始されることによって，純米や吟醸の表示が一般化するに至る。

　同表示が開始される少し前の1987年には，埼玉の神亀酒造㈱が生産量の全てを純米系としている。一方で，バブル経済とも呼ばれる好景気の中で，新潟を中心とした本醸造酒や吟醸酒がブームとなる。新潟県の日本酒生産量のピークは1996年である。

　次代の台頭も始まる。山口の旭酒造㈱が獺祭を開発するのが1990年，山形の高木酒造㈱の十四代は1994年に開発された。秋田の新政酒造㈱が代替わりにより新しい取り組みを始めたのが2007年である（一志，2018，pp.91-99）。

　旭酒造㈱は，純米吟醸酒に特化しつつ，海外の現地生産に着手するなど，積極姿勢で知られる。旭酒造㈱は，隣県である広島の三浦仙三郎が1898年に開発した軟水醸造法の一部を踏襲し発展させた手法を採用しているとみられている（佐々木健・佐々木慧，2016，p.34）。

　新政酒造㈱は山同（2016，p.124）によれば「もっとも旬な酒」である。評論家だけではなく，一般消費者の支持も高い。消費者の採点による日本酒ランキングを公表しているSAKE TIMEによると，20位までに，新政酒造㈱の4銘柄がランクインしている（2020年6月23日現在）。新政酒造㈱は焼酎の麹を活用するなどの実験的取り組みで著名となったが，その後は，生酛や木桶の復活，有機農法への取り組みなど，伝統を重視する方向性を強めている。無添加にこだわり，地域の微生物を大切にする方向性は，日本酒版のテロワールとし

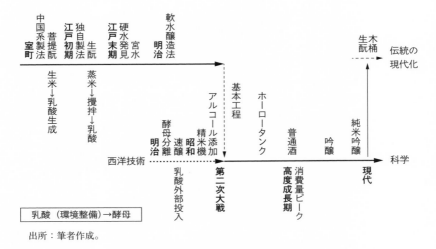

出所：筆者作成。

図 2-4　日本酒の歴史と製法

て注目される。テロワールとは，土地を意味するフランス語から派生した言葉であり，原料ブドウの生育環境が，ワインの品質に大きな影響を与えるという物語を示す。地域の微生物を重視することは，いわば，マイクロオーガニズム（微生物）テロワールである。

　新政酒造㈱の取り組みが注目されるのは，その活動が地域への意味づけとなっているところだ。第6章4節で詳述するが，高級酒は品質競争から有意味化競争へ変化しつつある。すると，様々な意味の母体となりうる地域の価値は急増する。フランスのワインにおけるテロワールが典型である。日本酒版のテロワールを模索する動きが出てきている。

第2節　単式蒸留焼酎の歴史[8]

(1)　九州以北の単式蒸留焼酎

　日本に蒸留酒が伝播したのは，15世紀初頭，タイから沖縄にとする見方が有

8　小笠原・伊豆諸島，壱岐等の島焼酎は割愛した。

力である（小泉，2010，p.223；菅間，1975，p.765；米元，2017，p.125）。中国の白酒も同時期に他国から伝来したとみられている（堀江，2012，p.126）。1429 年には琉球王朝が首里の特定地域（首里三箇）に泡盛の製造を認めている（米元，2017，p.128）。沖縄では，酸が多く腐敗し難い独自の黒麹による安定した製法によって，古酒を貴ぶ泡盛文化が開花した。

　南九州の単式蒸留焼酎は，沖縄経由で製法が伝わったとみられるが，明治に入っても自家用がほとんどであった。それは，黄麹（南国では腐敗しやすい日本酒の麹）と主原料を同時に仕込むドンブリ仕込と呼ばれる製法で造られ，生産性が悪く，腐造の危険が常に付きまとっていた（鮫島，2004，p.495）。

　南九州において販売目的の単式蒸留焼酎製造が始まったのは，自家用焼酎に対する税制特典が 1898 年に廃止された以降となる（菅間，1975，p.766）。そして，麹と主原料を切り離す二次仕込法が開発され，設備の機械化や大型化が可能となるなど，本格焼酎発展の基礎が築かれる（鮫島，2004，p.495）。

　江戸時代，琉球と薩摩は歴史的に濃密な関係にあったにもかかわらず，その時期に泡盛の黒麹菌が薩摩に伝来したことを示す資料はみつかっていない。泡盛麹に関する研究が始まるのは，明治後年からのことである。1918 年に泡盛黒麹菌が生産する酸がクエン酸であり，南国で安全な造りが可能であることが証明されると，南九州においても黄麹菌から黒麹菌への移行が急速に進んだ（鮫島，2004，pp.495-496）。

　1937 年に日中戦争が勃発すると，造石制限が課せられた。1942 年には，食管法により原料は全て配給統制となる。戦後 1950 年には，甘藷が統制から除かれる。1952 年には，麦が政府売買による間接統制に転じ，米以外の原料制約は緩和された（菅間，1975，p.768）。

　戦前は，鹿児島においても米焼酎の消費量が 3 割程度を占め，しかも価格は芋焼酎の 2 倍であった。しかし，戦争に起因する統制により米が入手し難くなると，芋焼酎がほとんどを占める状況に転じた（米元，2017，p.130）。

　1964 年，単式蒸留焼酎産業は，中小企業近代化促進法の対象業種に指定された。同法の目的は，中小企業を大企業の状態に近づけることである。企業合同，協業，共同びん詰等の集約化事業が促進された（山本，1965，p.469；熊本国税局間税部酒税課，1970，p.847）。

　1975年頃の研究によって，単式蒸留焼酎の欠点の多くは，貯蔵あるいは流通時での管理によるところが大きいことが分かった。対策を施した結果，単式蒸留焼酎の酒質は著しく向上した（鮫島，2004，pp.496-497）。単式蒸留焼酎の生産量は，戦後，21世紀初頭にかけて順調に成長する。その理由は，絶え間ない品質改善にあったとみられる。

　醸造試験所の太田ら（Ohta et al., 1990）は，モノテルペンアルコール（以下MTAと略す）が，芋焼酎を特徴づける原料由来の香りの原因であることを突き詰めた。MTAは，柑橘類や花にも含まれる芳香分子である。

　MTAは芋の皮やヘタに多く含まれ，熟成が進むと多くなる特徴を有していたことから，皮やヘタを排除し，新鮮なうちに利用することによってMTAを削減し，芋臭さを減ずる努力がなされた。またMTAが相対的に少ないとみられる芋である黄金千貫の利用が標準的となった（佐藤淳，2018a，p.242）。

　これらの結果，他地域への普及を妨げていた可能性がある芋焼酎の臭いは大きく削減され，芋焼酎がブームとなる素地が整っていった。

　また，芋焼酎を中心とする単式蒸留焼酎の生産は，九州以南にほぼ限定される。生産の偏りを反映し，焼酎の消費には強い地域性がみられた。西南日本は単式蒸留焼酎地域であるが，東日本は連続式蒸留焼酎の消費が多い。単式蒸留焼酎と連続式蒸留焼酎を地域別・時系列で比較すると，徐々に単式蒸留焼酎の消費が多い地域が増えて北上していることが分かる。地域別に単式蒸留焼酎の消費量が連続式蒸留焼酎を上回るかどうかに着目し，その境界を単式蒸留焼酎前線とし，同前線の北上が，単式蒸留焼酎消費拡大のメカニズムであるとした先行研究がある（佐藤淳・有賀，2002，p.52）。

　2003年頃から芋焼酎がブームとなり消費量が急伸する。この現象は，製品の性格が他地域にも受け入れやすく変化していたことや，芋焼酎の主消費地域が北上し，首都圏に達しつつあったことなどの構造変化が下地として存在していたところに，TV等のマスコミへの露出が火をつけたものである（佐藤淳，2018a，p.242）。

　しかし，ブームは長続きしなかった。ブームに目をつけた大手ビールメーカー等が，類似商品を投入してきたのである。

　類似商品は，単式蒸留焼酎を約2割使用し，残りに連続式蒸留焼酎をブレン

表 2-4　単式蒸留焼酎の近代化

時代	内容
室町時代	タイより琉球に蒸留酒が伝来
不明	琉球において黒麹が発見される
江戸時代	九州では日本酒麹を利用した蒸留酒を製造（南国では腐敗しやすい）
戦前	泡盛麹（黒麹）の導入
戦中	米焼酎→芋焼酎（米不足）
戦後	芋臭の排除
21世紀	同質化

出所：筆者作成。

ドしたもので，混和焼酎と呼ばれた。単式蒸留焼酎に比べると連続式蒸留焼酎のコストは安く，混和焼酎は低価格を武器に市場を席捲した。その結果，2000年代の後半から単式蒸留焼酎の消費量は停滞に転ずる（佐藤淳，2018a，pp.240-241）。

　混和焼酎浸透の要因に，単式蒸留焼酎が真似されやすい酒質に転じていたことがある。かつて芋臭いといわれた芋焼酎は，その臭いの元を分析し，それを排除することに成功していた（佐藤淳，2018a，pp.241-242）。仮に芋臭いままであれば，混和焼酎は出現しなかったであろう。

　単式蒸留焼酎産業において，機械化を伴う近代化や大型化は生産性だけではなく品質の進歩を伴っていた。単式蒸留焼酎の原料は安価で日本酒のようにアルコールを添加するようなコスト削減策が不要であった。また，機械化による衛生環境の整備は品質の向上をもたらした。これらが日本酒産業と大きく異なる点である。その結果，例えば増税による価格上昇（1990年代）がありながらも，品質改善が評価され消費量は増え続けた（佐藤淳・有賀，2002，pp.60-61）。安価な酒を脱し高い評価を得た。

　しかし，単式蒸留焼酎産業における機械化の進展は，個性の減少を伴う同質化の側面を内在していた。品質の改善が一巡すると，類似商品の登場による停滞を余儀なくされたのである（表2-4）。

⑵ 泡盛

　沖縄の泡盛は日本における蒸留酒の草分けである（図2-5）。15世紀初頭，タイから沖縄に伝播したとみられている（小泉，2010，p.223；菅間，1975，p.765；米元，2017，p.125）。1429年には琉球王朝が首里の特定地域（首里三箇）に泡盛の製造を認めたとの記録がある（米元，2017，p.128）。

　泡盛の語源には諸説ある。粟等の原料由来説や，酒を盃についだときの泡立ち具合で品質を判定していた説，蒸留したては泡が盛り上がる説，焼酎と区別するために薩摩藩が命名した説等である（比嘉，2016，p.122；田場，1996，p.6）。

　現在の泡盛は，黒麹を蒸米に繁殖させ，発酵させたのちに蒸留している。黒麹菌は，沖縄独自の麹菌である（渡邉ら，2012）。黒麹菌はクエン酸を豊富に産し，雑菌の発生を防ぐなど，優れた特性を有している。原料米は粘りが少なく製麹の作業効率が良いタイ米が好まれる（比嘉，2016，p.122）。タイ米が定着したのは昭和以降とみられている。それまでは，沖縄や中国の米，沖縄の粟が使用されていた（山岡，2001，p.737）。

　また，昭和40年代までは，砕米を洗米せずに水に漬けて得られる液体（シー汁）に原料米を浸漬したのちに蒸し，製麹，発酵を行う，古式製造法が残っていた。古式製造法は含み香が高く，味が重厚であることが明らかとなっている（角田ら，2001，pp.662-667）。

　さらに，百年前までには，甘藷等を原料とした蒸留酒（芋酒：イムゲー）が製造されていた。芋酒は沖縄工業技術センター等により2018年に再現されている（『沖縄タイムス』2018年10月18日）。

　泡盛の移出数量のピークは2004年，生産量のピークは2005年であり，その後，逓減を続けている。ピークは九州以北の本格焼酎より数年早い。

　泡盛の特徴は古酒にある。坂口（1997b）によれば，泡盛が日本の酒類と一番違う点は，長期間の貯蔵によって生ずる熟成し調和した風味を貴ぶところにある。かつての規定では，3年以上熟成させた泡盛が，全量の50%を超えていれば「古酒」の表記が可能であったが，2013年に「泡盛の表示に関する公正競争規約」が改正され，2015年より，全量が3年以上貯蔵したものに限り「古酒」表示されることとなっている。

　ブレンドした場合は，年数が若い泡盛の年数が表示される。仮に20年古酒に

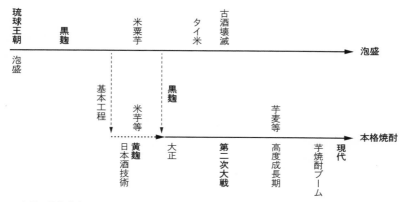

出所：筆者作成。

図 2-5　単式蒸留焼酎の歴史と製法

少量でも 3 年古酒をブレンドすれば，「3 年」と表記しなくてはならない規定である。一般酒に 10％以上古酒をブレンドする場合には，混合割合を示した上で，「混和酒」あるいは「ブレンド酒」の表記が可能である。古酒の出荷に占める比率は 1/4 である（平成 27 年度一般酒と古酒の出荷割合 75.5％：24.5％，沖縄の酒類製造業の振興策に関する検討会，2017，沖縄県酒造組合調べ）。

第3章
製法と風味・原料

第1節　日本酒

(1)　製法

　日本酒の酒造工程は，大切さの順に，一麹（いちこうじ），二酛（にもと），三造り（さんつくり）といわれてきた。これは，製造の順番にも対応している。まず麹を造り米の澱粉を糖に変える。次に，酒母（酛）で酵母を培養して糖をアルコールに変える。そして，酒母（酛）をベースにして量を造る（図3-6）。工程のポイントは，麹を少しずつ追加投入することである。

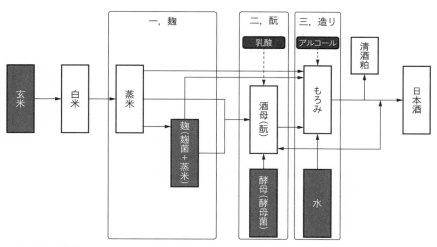

出所：筆者作成。

図 3-6　日本酒の製造工程

　麹は，米に麹菌を付着させ，麹菌を繁殖させたものである。麹菌は，各種の酵素を産し，澱粉を糖（ぶどう糖＝グルコース）に変えたり，タンパク質をアミノ酸に分解したりする。麹を各段階で活用し少しずつ量を増やしていく。すると，糖への変換とアルコールの発酵が同時並行的に行われる。このことから，日本酒の製造工程は並行複発酵と呼ばれている。造りの段階（もろみ）の麹の追加は，3〜4回行われる（段仕込み）。このようなきめ細かな操作は，単式蒸留焼酎や味噌醤油にはない日本酒独特のものである。

　その理由は，日本酒麹の機能がデリケートであるためだ。発酵工程では雑菌をなくすために酸性環境が必要である。単式蒸留焼酎の麹（白麹・黒麹）は酸が多い。しかし，日本酒の麹（黄麹）からはあまり酸がでない。このため，米から乳酸を生成するか，外部から乳酸を投入し酸化環境をつくる。他方，日本酒と同じ黄麹を使う味噌醤油では塩が雑菌を防ぐ。

　したがって日本酒では，酸を薄めないように，雑菌が入らないように，気をつかいながら製造する必要がある[9]。例えば，最初から大量の材料を投入すると，スターターである酒母の酸（乳酸）が薄められて，雑菌が繁殖するおそれがある。このため日を追って何回かに分けて材料（麹，蒸米，水）を投入する（段仕込み）。途中からは生成されたアルコールも雑菌のバリアとなる。

　また，糖化の観点からも麹を追加する必要がある。日本酒に用いられる黄麹の糖化能力は発酵中の酸性環境下において著しく低下する（瀬戸口，2013，p.10）。このためにも，状況をみながら麹の追加投入が必要なのである。さらに，日本では一般的な軟水は，発酵が進み難い。

　一方，単式蒸留焼酎の白麹・黒麹は酸に強く，糖化能力は低下しない。また，味噌醤油は日本酒と同じ黄麹だが，糖化能力はあまり問われない。それは，日本酒ではアルコール発酵のために糖化が必要だが，味噌醤油では，タンパク質（大豆）の分解能力が重視されるためだ。そして，黄麹のタンパク質分解能力には耐酸性がある（瀬戸口，2013，p.10）。

　これらの結果，日本酒では麹の追加が必要となるのに対し，単式蒸留焼酎や

9　日本酒は低温環境で雑菌を回避し冬季限定の蔵も多い。他方，単式蒸留焼酎は通年生産である。芋焼酎は冬季中心だが，夏季は麦焼酎を生産することも多い（佐藤淳・有賀，2002，p.41）。

味噌醤油では不要なのである。このような特徴が，機械設備の大型化を困難にしている一因とみられ，日本酒業界は，単式蒸留焼酎や味噌醤油のような大手の突出はなく，多数の中小企業が並存している。

　さらに，最近の日本酒ではアミノ酸が濃くなりすぎることを避けるために，麹の造り方を工夫して，タンパク質分解能力を弱めたり，すっきりとした甘みをだすために2段階に分かれている糖化プロセスの後半を強化したりしている（福田・蟻川，2014，p.172）。

　糖化における2段階プロセスの前半を，さらに細かく分けると，デキストリン→オリゴ糖に分かれる。これらの中間成分は舌触りを滑らかにする。麹の糖化酵素は，前工程がα-アミラーゼ，後工程がグルコアミラーゼである。他方，タンパク質分解酵素は，前工程が酸性プロテアーゼ，後工程が酸性カルボキシペプチターゼである（和田，2015，p.118）。

　麹による糖化工程の次は，酛工程である。酛工程は，麹の次に重要とされる。酛には，乳酸を外部から投入する速醸酛と，桶やタンクの中の蒸米と水を櫂で摺って乳酸菌を生成する生酛がある。

　生酛による乳酸生成過程は次の通りである。まず，水中の硝酸イオンをベースに硝酸還元菌によって亜硝酸イオンが生成され，それが野生酵母を抑制する。硝酸還元菌と同時に乳酸球菌が，次いで乳酸桿菌が増殖し，乳酸を生成し，雑菌及び硝酸還元菌を抑制する。

　ところが，従来の生酛には弱点があった。一連の工程に多くの時間を要し，生産性が低い。しかも，開放系の反応装置（桶・タンク）によって実施することから，雑菌の排除が難しかったのである。

　このため，明治末期に乳酸を直接投入する速醸という手法が開発された。速醸は時短によって雑菌に侵されるリスクを減じた。同時に生産性も高いために，広く普及した。今では，それ以外の手法（生酛）が珍しいぐらいである。

　しかし，便利な速醸にも弱点がある。生酛には野生酵母を排除する亜硝酸反応があるが，速醸にはない。このため，理論的には，雑菌を排除できた生酛の方が酵母の純度が高くなる。

　そのような理想の生酛が今日では開発されている。雑菌の排除が難しい開放系のプロセスを閉鎖系に転じることで実現された。開発したのは秋田の新政酒

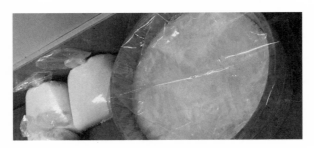

注：木桶に被せてあるビニールは展示のため。
出所：筆者撮影。

写真 3-1　新政酒造㈱の生酛イノベーション（左：新政方式，右：従来方式の木桶）

造㈱である。同社は開放系の桶やタンクの代わりにビニール袋を用いた。それを手でこねることによって櫂による酛摺りを代替し，閉鎖系のプロセスを安価に実現したのである（写真 3-1）。

　酛はタンパク質への影響が大きい。タンパク質の変化は前後の工程に分かれ，前工程では中間成分であるペプチドとなり，後工程でアミノ酸となる。生酛は中間成分であるペプチドを増やし風味を複雑にするとともに，内生的に乳酸を生成する（和田，2015，pp.167-168）。

　このように，黄麹の特性に起因する状況の補完や，風味の向上のために，麹の製造や投入に対しデリケートな処理を施していることが日本酒の特徴である。また，最近では酛工程において，より複雑な生酛を採用する蔵元が増えている。きめ細かな管理を必要とする特徴は，設備の大型化を困難にしている可能性がある。

　これらの結果，日本酒の発酵に要する期間は標準的な速醸（外生した乳酸を投入）において約1ヶ月，複雑な生酛や吟醸では2ヶ月に及ぶ（秋山，1994，p.47；堀江，2012，p.291）。一方，同じ醸造酒でもワインの場合は5〜10日程度でも可能である（Thornton，2013，p.92）。

　製造後の管理がデリケートなことも，最近の日本酒の特徴である。製造された日本酒は，多くの場合，低温殺菌（火入れ）され，出荷まで貯蔵される。かつては2回の火入れが標準とされてきた。しかし，コールドチェーンの整備に伴い，火入れによる品質の変化を避けるために，火入れをしない生酒や，ビン

燗1回火入れ，短時間の2回火入れなど，様々な工夫がなされるようになっている。

　なお，最終段階でアルコールを添加することが多いのも，戦後の日本酒の特徴である。酒税法における米以外由来のアルコールに関する取扱いの規定は，古市（1985, pp.583-588）によると，次のようなものである。

　まず，酒税法において初めて日本酒が定義されたのは1904年である。この時点において既に，米以外の原料利用が認められている（麦，栗，稗等）。これは一部地域において米以外の原料を利用していたためである。1940年には代用品の重量が米を超えてはならないとの規制が加わる。

　1942年には，アルコール添加が認められた。1949年にはぶどう糖，水あめ，有機酸等の添加も認められた。1949年から日本酒の製造方法は，普通醸造法と増醸法（増醸酒）の2種類とされた。普通醸造法は一定のアルコールと一部の有機酸添加が認められた。増醸法はより多くのアルコールと有機酸，水あめ，ぶどう糖，アミノ酸塩の添加が認められている。

　2006年には，増醸法の規定が廃止されるとともに，従来の普通醸造法の規定を改正し，有機酸以外のぶどう糖，水あめ，有機酸，アミノ酸塩の添加が認められた。なお，製造場ごとのアルコール使用限度数量（普通醸造法と増醸法の平均）は1973年以降，白米1t当たり280ℓ（純アルコール）の範囲内とされている（2006年でも変更なし）。

　速醸によって外部から投入される乳酸や，麹の機能を代替するために投入される酵素剤等は，酒造の危険防止や合理化の観点から使用が許可されており，また表示義務はない。

　発酵タンクは，雑菌対策のためホーローかステンレスが用いられることが多い。近年では，微生物の積極的活用を狙って伝統的な木桶の復活も試みられつつある。樽酒には食品の旨味後味を強く感じさせることが研究から明らかになっている（高尾ら，2015, p.53）。

(2)　風味

　日本酒の風味は，まず，精米歩合とアルコール添加の有無で異なっている。米を磨くほど（精米歩合が低くなるほど），雑味がなくなる。また，アルコール

には味がないので，添加するほど，日本酒の味（雑味を含む）は薄まる。しかし，香り成分はアルコールに溶けやすいことから，香りはむしろ強調される。

　精米歩合とアルコール添加の有無や割合は，特定名称のグレードで階層化されている。米を最も磨いているグレードが大吟醸，以下，吟醸，同呼称無し，と続く。アルコール添加の有無は，純米という呼称の有無で判断される。また，アルコールの添加割合は，特定名称であれば少なく，そうでなければ多い（普通酒と呼ばれることが多い。上述の普通醸造法によるもの）。

　これまでは，風味といえば，特定名称のグレードを指すことが多かった。例えば，純米酒，純米吟醸酒，本醸造酒といったグレードが，風味を示していた。すなわち，精米歩合とアルコール添加の有無が風味の大層だったのである。しかし，最近では，同じような精米歩合でも異なった風味によって差別化を図るケースが増えている。

　これは，ワインに似た動きといえる。ワインは，日本酒でいえば純米酒のグレードしか存在しない。しかし，風味は原料，地域，製法等で大きく異なる。日本酒も，例えば，同じ純米酒のカテゴリーの中で，全く異なった風味の酒が増えてくるだろう。

　さらに，日本酒は，ワインよりも風味を決める成分や工程が複雑である。したがって，より多様な風味が実現される可能性がある。

　日本酒の製造工程と風味の関係は，デリケートである。風味の要素は表3-5のように，およそ8種類に整理することが可能とみられる。8種類の要素を左右するのは，麹，酛，酵母である。これらが複雑に絡み合って日本酒の風味が創られる。

　日本酒がユニークなのは，特徴的な成分がなく，成分のバランスとして風味が創られているところだ。単式蒸留焼酎であれば香気成分（芋香等）が，ワインであれば有機酸（白ワインはリンゴ酸，赤ワインは乳酸が突出）が特徴である。一方，日本酒は，例えばリンゴ酸と乳酸が同じ程度含まれているなど，個別要素の特徴は少なく，各要素のバランスとして風味が形成されている（図3-7）。

　しかも，どのようなバランスがいいのか，あまりわかっていない。特定の香気成分や有機酸を強調するような酵母を人為的に造り，それが一時的に流行することはあったが，広く定着したとはいいがたい。風味の人為的な調整は日本

表 3-5　日本酒の 8 種類の風味と工程の関係

麹		酵母			
糖化関連	タンパク質関連	有機酸			⑧ 香気成分
後工程 ①グルコース（糖）	後工程 ③アミノ酸				
前工程 ②中間成分 （糖の前段階。少し 残り舌触りを滑らか にする）	前工程 ④ペプチド （アミノ酸の前段階。 少し残り風味を複雑 にする）	⑤ 乳酸	⑥ リンゴ酸	⑦ コハク酸	
	酛				

注：酛には，乳酸を外部から投入する速醸酛（ペプチドが少ない）と，米をチーズやヨーグルト
　のようにこねて乳酸菌を生成する生酛（ペプチドが多い）がある。また，麹における，糖化の
　中間成分をより細かく分けると，デキストリン→オリゴ糖に分かれる。麹の糖化酵素は，前工
　程が α-アミラーゼ，後工程がグルコアミラーゼ。タンパク質分解酵素は，前工程が酸性プロ
　テアーゼ，後工程が酸性カルボキシペプチダーゼ。
出所：筆者作成。

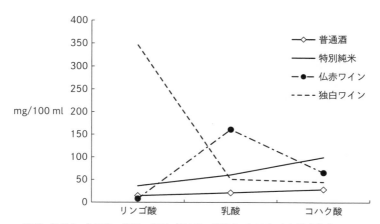

出所：池見ら（1981），清野・廣岡（2016），島津ら（1982）より筆者作成。

図 3-7　ワインと日本酒の成分比較

酒にあわないのかも知れない。
　日本酒は嗜好品なので，美味しいと感ずる風味やバランスは消費者の個性に
応じて多様である可能性も高い。多様性を実現するには，蔵に住み着いた微生

物を活かし，あまり人手を加えないという選択肢もありうる。実際にそのような蔵元が増えてきている（堀江，2012，p.289）。

　日本酒は，魚介類との相性を悪くする成分（鉄分，亜硝酸塩）が少ない（田村，2010，pp.140-143；藤田，2011，p.273）。また，ワインと比べると，うま味成分が多い。例えば，ワインは，チーズのうま味を断ち切ることによって，次の食事をしやすくする。一方，日本酒は，チーズのうま味の余韻を長くすることによって，チーズそのものの美味しさを引き立てる（藤田，2015）。

　また，世界各国の料理は薄味化している。ダイエットや健康志向の影響とされる。薄味で，うま味（出汁）を頼りにする日本食に近づいているのである。日本酒の風味が活かされる環境が整ってきている（伏木，2017，p.114）。

(3)　原料米と農業

　日本酒の原料として酒税法上認められているのは，主に米とアルコールである。アルコールは香りを引き立てる面もあるが，主に米を節約するために利用されてきた。それは，米が高価なためである。日本酒の原料である米が高価となるのは，海外に比べ日本の米が高価であり，さらに，雑味を減らすために精米するためである。

　日本酒や単式蒸留焼酎の原料となる米と麦には，それぞれカロリーや食する際の手間を勘案した国際価格がある。2019年3月の国際価格は，米が406ドル/トン，大麦が119ドル/トンである（World Bank "Commodities Price Data"）。

　我が国では，國酒の原料となる米と麦は国家貿易によって管理されている。米の関税は341円/キログラムである。これは，2019年3月の為替相場で換算すると3,065ドル/トンとなり，国際価格の7.6倍に相当する。したがって，関税をかけて米を輸入することは現実的ではない。輸入は，関税の枠外である国同士の取引に限られる（ミニマムアクセス米と呼ばれるものである）。

　輸入を制限する一方で，国内の生産過剰を抑えるために，米の減反（生産調整）政策が1970年から2017年にかけて実施された。全国の米生産量ピークは1967年（14,257 t）である。2016年の生産量は8,042 tであり，約50年前のピーク時に比べ△44％の減産である（農林水産省「作物統計」）。

　米の減反政策の前身は戦時中の管理であった。樋口（2009）は次のように整

理している。食糧管理法は，第二次世界大戦中に，それまでの米穀統制に関する法規を集大成する形で制定された。同法は，米穀が不足することを念頭に置いて，政府が米及びその他の主要食糧を一元一括管理し，全ての流通過程にわたり，直接統制を行うものであった（樋口，2009，p.120）。

　生産者は，自家消費用等を除き，米の全量を政府に売り渡す義務を負う。米は指定制の集荷業者（農協等）が一元的に集荷し，政府に売り渡す。政府は，都道府県知事による許可制の卸売業者・小売業者（米穀店）を通じて消費者に米を配給する（樋口，2009，p.121）。

　政府（食糧庁）が生産者から米を買い上げる価格である生産者米価は，米の再生産が確保できるよう，また，政府が卸売業者に売却する価格である消費者米価は，家計の安定を図るよう公定された（樋口，2009，p.121）。

　このような規制は戦争直後の食糧事情が悪化した時期には有効に機能した。しかし生産者を保護するために米価を引き上げがなされる一方で，需要は減少したことから，政府の管理は大幅な赤字となり，統制は困難となっていった（樋口，2009，p.122）。

　その後，政府が選択したのは，米作の段階的縮小である。減反（生産調整）と輸入管理によって，米価を維持しつつ生産を減らし，需要の減少に対応した。高米価は消費者の負担となり需要は逓減を余儀なくされたが，それでもなるべく価格を支持しようとした。2018年度に生産調整が廃止されるが，飼料米への高助成等，食米の供給を少なくしようとする政策スタンスは今でも堅持されている。

　他方，大麦の関税は，39円/キログラム，2019年3月のドル相場で換算すると351ドル/トンである。米に比べれば低いが，相応の価格である。大麦は国家貿易で輸入される。国が得る差益は国内農家の補助となる。そして価格は国際相場に補助水準を勘案したものとなる。

　これらの結果，国内の米価格は262円/キログラム（2019年3月），豪州産大麦価格は49.8円/キログラムとなっている（農林水産省「平成30年産米の相対取引価格・数量（平成31年3月）」；「麦をめぐる事情について（大麦・はだか麦）（平成31年3月）」）。

　日本酒の原料として利用される米は3種類ある。①酒米と呼ばれる醸造用玄

米，②加工用米，③食用米からの転用である。①は品種，②は制度，③は用途であるので，統一された分類とは言い難いが，各々の重複は少ない（佐藤淳，2018b，p.6）。

　醸造用玄米は食米と異なり5割程度の精米に耐え，タンパク質含有量が少なく，また心白といわれる麹菌の菌糸が伸びやすい部分が大きいという特徴を有する（和田，2015，p.82）。

　加工用米は食用以外に用途が限定された用途限定米穀の一種であった。用途限定米穀とは生産調整という公的な枠組みの中で，用途が限定された米穀をさす。生産調整は2018年度に廃止されるが，加工用米は助成が受けられる戦略作物制度の一品目として残ることとなる（佐藤淳，2018b，p.6）。

　食用米も酒造りに広く用いられている。醸造用玄米は麹用に，食用米はその後の工程に用いられることが多い（掛け米）。

　日本酒向けの米は東日本大震災以降，増産されている。日本酒の生産量は横ばいだが，アルコールを添加せず，精米歩合が低い純米吟醸系が伸長しているために，米原料の使用割合が増えているのである。特に特定名称酒に用いられる醸造用玄米が増えている（図3-8）。

　需給逼迫を受け，醸造用玄米の増産分は2014年から生産調整の枠外とされ，同年以降の増産が著しい。醸造用玄米において評価と人気が高いのは高精白に

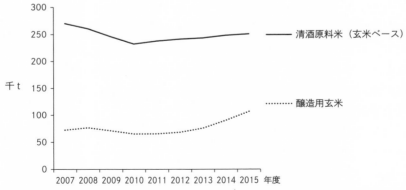

出所：国税庁「清酒の製造状況等について」，農林水産省「農産物検査結果」より筆者作成。

図 3-8　日本酒向けの米生産推移

耐える山田錦である。過年の生産調整や当該銘柄の反収の影響から山田錦の価格は高値で安定している（417円/キログラム前後，斎藤，2015，p.2）。

　このように結果として，国内における國酒向けの米と大麦の重量当たり単価は，最大10倍近くも異なる。

　齋藤・杉本（2001）によると，日本酒産業が含まれる食品工業の国境有効保護率はマイナス（△34.0％）である。これは農業保護の影響を受け，原料が国際価格より割高になるためだ。一方，米を含む耕種農業の有効保護率は294％である。日本酒には，原料高と，それがもたらす変動費高による低スケールメリットという二重のハンディがある。

　さて，我が国の農政は，米の関税を高くし，さらに減反等の調整によって米価を高く支持してきた。その理由は，日本の国土及び農地は狭隘であり，土地利用型の米農業は宿命的に生産性が低いとされてきたためである。

　図3-9に米の生産コストの各国比較を示す。日本は明らかに高コストである。米国，イタリア，韓国の倍以上のコストがかかっている。他国に比べ劣るのは，労働費，農機具費，その他（肥料代等）である。労働費が嵩むのは，労働時間が長いためである。その要因は，田植え（移植）の工程にある。他国は

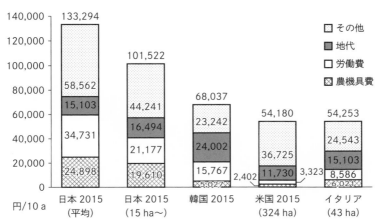

出所：笹原和哉（2015），University of Califonia（2016），韓国統計庁（2016），農林水産省「農業経営統計調査」より筆者作成。

図 3-9　米生産費国際比較

移植の手間が加わる田植えではなく，種を直接田に播く直播が多い。

　農機具費（償却費）が嵩んでいるのは，性能に比べて耕地や圃場が狭く，効率が悪いためとみられる。特に農地全体のスケールよりも，圃場の大きさの影響が大きい。その理由は，農地全体の面積が大きな米国（324 ha）と，その10分の1に過ぎないイタリア（43 ha）とのコスト差が少ない一方で，イタリアからみれば規模格差が少ない日本（15 ha 以上）とのコスト差が大きいためである。イタリアと日本の差は，農法と圃場の差とみられる。

　イタリアの農法は，田植えではなく，効率が高い直播である。種を直播するには機械によって田を均一に平らにする必要がある。また1枚の田の面積である圃場が大きければ，機械を効率よく動かすことができる。播種や稲刈りのタイミングが限定される米作では圃場の大きさが機械の効率を左右する。また，イタリアの圃場は平均2 haほどである。一方我が国では7割の農家が総農地1 ha以下であり，圃場は0.3 haが標準である（笹原，2015，p.22）。

　日本でも最近では徐々に1 haを超えた圃場が整備されつつある。しかし，日本とイタリアの差は，機械化に対する考え方の差ともいえる。イタリアの米作は，機械の利用を前提として組立てられている。一方，日本の米作は人手に頼っていた時代の農法を機械に置き換えたものである（梅本，1992，p.119，p.128）。

　さて，海外現地生産は日本の米農業の低生産性を回避する有力な手段である。山口の旭酒造㈱は2019年に米国における工場建設に着手し，2021年からは現地生産を開始する予定である。原料の2割を占める麹米には日本から輸入した山田錦を，残りは米国の食用米を利用する。年産能力は7千石である。これは日本でも中堅上位クラスの規模である。拡大を続けてきた旭酒造㈱の沿革に位置づけると，2010年代前半の規模に相当するプラントが米国に建設されることとなる（伊藤ら，2018，p.12）。

　但し一見非効率にみえる我が国の米農業も視点を変えると，別な見方もできる。それは，キャッシュフローである。我が国では，ほとんどが高齢化した小規模農家となっている。機械は償却済で借金の返済も終了しているケースが多いと考えられる。また，家族労働の給与を支払う必要はないし，地代も不要だろう。キャッシュアウトは肥料代等，一部に限られる。

　一方，大規模農家は，最近になって規模を拡大したケースが多いとみられる。購入機器に関する支払いや，従業員への給与など，キャッシュアウトが少なくない。ほぼ図3-9の通りだろう。

　するとキャッシュフローベースでは，小規模農家は諸外国に対抗する水準にある可能性がある。さらに，趣味に近い高齢小規模農家は，生き甲斐が目的であるとみられる。一方，事業である大規模農家は，利益が目的であろう。すると，赤字を許容できる趣味的農家の方が，競争力があるとする見方もありうる。これは，第5章で後述するように日本酒においても小規模家業が一定の競争力を有しているのと同じメカニズムである。

第2節　単式蒸留焼酎

⑴　製法

　単式蒸留焼酎の工程は，①麹工程（麹造り，一次仕込み），②原料仕込み工程（二次仕込み），③蒸留・その後，の三工程に大きく区分することができる。また，南九州等（本格焼酎）と沖縄（泡盛）では工程が異なる。南九州では，①麹工程と，②その後の原料仕込み工程を分ける。一方，沖縄では，②の原料仕込みを飛ばし，③の蒸留工程に進む。

　これは，南九州等では，麹の原料（米）と，その後の工程の原料（芋等）が異なっているのに対し，泡盛では同一（米）であることによる。また，より南方の沖縄では，麹のクエン酸による殺菌が腐敗を避ける上で重要であることも影響している。以下には佐藤淳・有賀（2002，pp.36-39）に従い，単式蒸留焼酎の製造方法を記す。

①麹工程
（麹造り）
　単式蒸留焼酎の麹には，沖縄で発見された黒麹，又は黒麹由来の白麹が用いられる。日本酒に用いられる黄麹に比べて，有機酸（クエン酸）を豊富に産し，また酸化環境でも糖化能力が低下しない。このような特徴は，腐造のリスクを

減らしたり，麹の追加投入を不要にして製造管理を容易にしたりしている。したがって，単式蒸留焼酎の麹の生産は，たいてい自動製麹機（回転ドラム式）によって行われる。

（一次仕込み）

　麹に水と酵母を加えて混合すると，翌日には酵母が生育して発酵が始まる。このように出来たもろみの温度を適温に保つためにパイプに冷水を流したり，ヒーターを入れたりする。一次仕込みのもろみは一週間くらいででき上がる。一次仕込みは，腐敗を防ぐ麹のクエン酸を液中に溶出させたり，アミラーゼを抽出したりすることが目的である。

②原料仕込み工程

（二次仕込み）

　一次仕込みでできたもろみ（一次もろみ）に，水と主原料の蒸甘藷等を加えて混合する。この時加える主原料によって，米焼酎や麦焼酎，そば焼酎となる。原料がイモであれば，よく洗って一個一個選別して両端を切り落とし，傷みがあれば切除する。傷み臭をつけないためである。蒸かしたのち，冷却してから破砕機にかけ，一次もろみと水の入ったタンクに仕込む。発酵が始まり，仕込み後3日目でもろみの温度が最高になるが，高くなり過ぎるとアルコール発酵が抑えられるので，適温に管理される。もろみの発酵は10〜15日で終了する。

③蒸留・その後

（蒸留）

　発酵の終わった二次もろみを単式蒸留機に移し加熱する。アルコールが蒸発してくるが，蒸気は，蒸留缶の上部の導管（わたり）を通って冷却水槽の蛇管で冷やされ，焼酎となって垂れてくる。最初に出てくるものは，アルコール度が高く，香気成分に富み初垂れという。次の本垂れが焼酎になる。アルコール分が次第に低くなり10度程度で蒸留を止める。このあたりから後留という。焼酎原酒の最終アルコール度は40度前後となる。

　留出直後の焼酎原酒は通常，白濁している。この白濁成分を総称して油性物質（フーゼル油）という。近年では，油性物質の少ない焼酎を造るため，蒸留機の中を真空ポンプで減圧する減圧蒸留機が使われることが多くなった。圧力

が下がると沸点が下がり，糖の熱分解が起こりにくく，焦臭がつきにくくなるためである。

　減圧蒸留の焼酎は油性物質が少なくすっきりとした製品になるが，単式蒸留焼酎らしい風味には欠ける。減圧蒸留は，球磨地方の米焼酎や大分の麦焼酎に多い。芋焼酎では少ない。さらにイオン交換樹脂による化学反応処理により濾過することもある。

（貯蔵・熟成）

　蒸留したての焼酎は原料特有の風味が強く刺激的で油性物質も多く，雑臭が強くて，味も粗い。これをタンクで数ヶ月貯蔵，熟成させると，臭いも消え，味がなれて芳醇な焼酎原酒となる。

（調合・びん詰）

　熟成した原酒は，一定酒質とするために原酒をブレンドして品質をそろえる。さらに一ヶ月ほど熟成させた後，割水して度数調整をしてびん詰めされ，製品となる。

　単式蒸留焼酎の生産管理は，杜氏が行っている。もっとも，以前の杜氏は専門家集団で，各メーカーを渡り歩きながら生産管理を行っていたが，今日の杜氏は，各メーカーの製造部長であり，呼称だけが残っている。

　単式蒸留焼酎と連続式蒸留焼酎との最大の相違は，蒸留方法にある。単式蒸留焼酎が蒸留を一回ですませるのに対し，連続式蒸留焼酎は連続的に蒸留を行い，不純物を残さない。

　連続蒸留装置は，科学の進歩に伴って進化してきた。似たものとしては，原油の精製装置がある。現代科学の粋を集めた今日の連続式蒸留焼酎向け蒸留装置は不純物をほとんど残さない。したがって，原料を選ばず，また原料の優劣も酒質に影響しない。世界中で最も安価なアルコール原料を調達すれば足り，発酵工程の微妙な管理も不要であることから，ほとんどを機械に任せることが可能で，生産効率が高く，製造コストは低い。

　連続蒸留装置でも，スコッチ向けとなると若干異なる。スコッチは，単式蒸留のシングルモルトに連続蒸留のグレーンを混入したものであるが，連続蒸留装置の基準が約150年前のもの（カフェィ式）にあり，原料の風味を若干なりとも残している点，連続式蒸留焼酎に用いられている連続蒸留器（アロスパス

式）とは異なる。

　連続式蒸留焼酎は純粋なアルコールと酒の境界に位置している点で，単式蒸留焼酎とは全く異なる。世界の酒との比較では，単式蒸留焼酎はモルトウイスキーと同じタイプである。さらに単式蒸留焼酎は，工程のモジュール化によって，様々な原料，地域からなる多様性を実現しており，酒のアイデンティティに，より細かな地域性が加わっている。

　発酵タンクはホーロー又はステンレスが多いが，甕仕込みも散見される。興味深いことに，南九州は甕を仕込みに用い，沖縄は貯蔵に用いている。南九州の甕仕込みは，土中にほとんどを埋めた甕で行われる。貯蔵はもともと行われていなかったため少ない。他方，沖縄（泡盛）の甕は，主に長期貯蔵用である。仕込みに甕を用いるケースは少ない。

　甕を利用する際の利点として通常いわれるのは，甕の微量成分が風味に好影響を与える点である。微量成分の溶け込みは時間に比例するであろうから，この点については，長期貯蔵に用いたほうが，効果が高いと思われる。仕込みで甕を用いるメリットは，木桶仕込みと類似する点があるとみられる。ホーローやステンレスに比べた場合のメリットは，地域微生物が作用する可能性があることと，小口管理である。

⑵　風味

　単式蒸留焼酎の風味は原料由来の香り成分である。ここでは香り成分の分析が進んでいる芋焼酎を中心に述べる。

　芋焼酎の特徴香に原料サツマイモを起源とする香り成分（MTA）が関与することを示したのは，醸造試験場の太田ら（Ohta et al., 1990）であった。MTA は，柑橘類や花にも含まれる芳香分子である。

　当時の問題意識は，香りを制限するために発生源を特定しようとしたものであった。そして，特定された MTA が多い皮や尻尾を除いて芋焼酎を仕込むことが一般的となった。その結果，従前に比べれば，飲みやすい芋焼酎が生産され，全国に広まる大きな要因となった（佐藤淳，2018a，pp.241-242）。

　しかし，それは一方で同質化を招いた。そこで，個性化を探る研究が行われている。例えば神渡ら（2011）は，芋焼酎とマスカットワインの香りの比較を

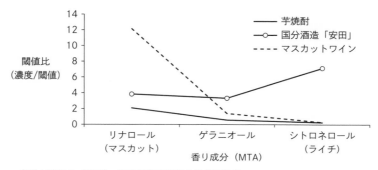

出所：神渡ら（2011），国分酒造㈱資料より筆者作成。

図 3-10　国分酒造㈱「安田」，芋焼酎，マスカットワインの香り成分比較

行っている。

　MTA において芋焼酎を象徴するのは，マスカットに似たリナロール，オレンジのようなゲラニオール，ライチ香のシトロネロールである。マスカットワインがリナロールを特徴的に有しているのに対し，芋焼酎は，これらの成分が混然一体となって芋焼酎臭さを形成していた（図 3-10）。

　しかし，神渡ら（2011）は，原料芋に香りが出やすい芋を選択することによって，香りに特徴を持たせられるのではないかと結論づけた。同研究を受けて，最近では，芋焼酎でありながらライチの香りを醸すことに成功した製品（国分酒造㈱「安田」）が出てきている。これは，原料芋を熟成させることなどによって MTA 成分を増やし，さらに MTA の特定成分（シトロネロール）を突出させることにより可能となった（佐藤淳，2018a，pp.242-243，図 3-10）。

　米を原料とした単式蒸留焼酎は，熊本県の球磨地域を中心とした米焼酎と，沖縄の泡盛に分かれる。これらは，原料は同じであるが製法が異なるために風味も異なる。米焼酎は特定の香り（エステル系）による軽快な香りである。一方，泡盛は香りの総量が多く複雑な風味である（松田，2000，pp.823-825）。

(3)　原料と農業

　単式蒸留焼酎は原料によって異なる。単式蒸留焼酎で最も生産量が多いのは，芋焼酎である（構成比 5 割：熊本国税局 2017，熊本，大分，宮崎，鹿児島における 2015 年度の比率）。その原料芋価格は，輸入冷凍芋よりも安価である

（2004年度の焼酎用甘藷価格は53円/キログラム：清水，2005，p.16，2004年度の輸入冷凍芋価格は103円/キログラム：財務省「貿易統計」）

　麦は，ほとんどが輸入である。輸入価格は国際化価格に国内農家の保護原資を加えて算出される。米ほどではないが，割高となる（豪州産大麦国内価格49.8円/キログラム，大麦国際価格13.3円/キログラム：農林水産省「麦をめぐる事情について（大麦・はだか麦）（平成31年3月）」，World Bank "Commodity Price Data" 2019年3月）。

　また，米焼酎は国産米が多いが，泡盛はタイ米が多い。泡盛のタイ米は関税の枠外として輸入されている（ミニマムアクセス米，90円/キログラム：琉球新報2019年2月10日）。

第3節　規模の経済と製法・原料

　規模の経済とは，ある程度の生産規模で，生産量が増えるに従って平均費用（生産量当たりの費用）が下がることをいう。平均費用の減少は，生産量の増加により固定費が分散されるからである。規模の経済には次の4つの発生要因がある。①固定費の非分割性と拡散，②変動投入物の生産性の向上，③在庫，④2乗3乗の法則：容量の増加ほど表面積は増加しない（Besanko, et al., 2000，邦訳 p.78，pp.81-82，p.88）。

　規模の経済は製法や原料の影響を受ける。まず①の固定費から検討する。固定費の代表は工場の建物や機械設備である。すると，どれだけの機械化が可能かどうかによって，固定費の大きさは左右される。日本酒のように麹をデリケートに扱う場合には，機械化が難しい。したがって，大きな工場は成立し難く，固定費メリットが出にくい。規模の経済が働きづらいのである。単式蒸留焼酎にはそのような弱点がない。

　次に②の変動投入物である。規模の経済が発生するのは，変動投入物の生産性が向上する場合である。これは，原料を使用する側からみると，原料代が安い場合である。日本酒の主原料である米の価格は高い。したがって，この面からみても日本酒には規模の経済が存在し難い。日本酒において，規模の経済が

働くのは，アルコールを添加する普通酒に限られる。普通酒の場合は，麹のハンドリングも中高級酒ほどデリケートではない。しかし，次章で分析するように，高度化した消費の下では普通酒に対するニーズは減少を続けている。

　他方，単式蒸留焼酎の原料は安価である。米と同様に国家管理の下にあり，国際価格からは割高な麦も，米ほど高価ではない。また，泡盛等に使用される米はミニマムアクセス米であり，国産米より安価である。さらに，芋は輸入冷凍芋よりも安価である。単式蒸留焼酎は，原料の面からみても，規模の経済が働きやすい。

　原料価格を試算すると，日本酒では，普通酒（精米歩合77％，アルコール添加割合42％）を純アルコール換算で1リットル製造するのに必要な一般の食米価格は508円となる。純米酒（精米歩合66％）では同1,032円となる。純米大吟醸酒（精米歩合49％）に必要な酒米（山田錦）の価格は同2,320円である（国税庁，2019，清酒の製造状況等について；平成29酒造年度分；農林水産省「平成30年産米の相対取引価格・数量（平成31年3月）」；斎藤，2015，p.2，より試算）。

　他方，芋焼酎を純アルコール換算で1リットル製造するのに必要な原材料価格（芋・米）は316円に過ぎない（清水，2005，p.16；小正醸造HP；琉球新報より試算）。

　①②の条件をクリアし規模の経済が働くと，④の2乗3乗の法則が有効となる。これは大きな工場ほど，効率的（安価）に建設できることを示す。

　全体として，日本酒には規模の経済が働きにくい。例外はアルコールを大幅に添加することによって原料代を抑えた普通酒である。しかし，普通酒の品質が消費者に受容されたのは1975年頃までであった。日本酒の消費量は1975年をピークに減少し，今ではその1/3に過ぎない（1975年度→2015年度：1675千kℓ→556千kℓ，『国税庁統計年報書』）。

　他方，単式蒸留焼酎は規模の経済が働きやすい。製造工程のハンドリングが容易で，原料も安価である。このような特徴が，2000年代の前半にみられた芋焼酎ブームにつながった。当時の南九州では，芋焼酎の大工場が次々と建設され，それが生産性を上げ，さらに販売量が増えるという好循環がみられた。

　図3-11に規模の経済のイメージを示す。日本酒は相対的に変動費が大きく，

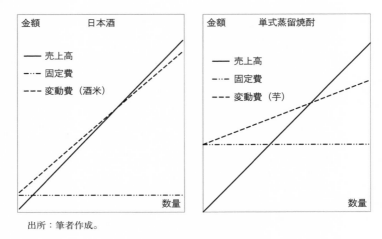

出所：筆者作成。

図 3-11　規模の経済

売上が増えても固定費が拡散せずメリットが少ない。一方，単式蒸留焼酎は逆に固定費の割合が大きく，売上増による固定費拡散メリットが大きい。

第4節　歴史・製法に関する先行研究の総括と解明すべき課題

　第2章，第3章では，國酒の歴史と製法について，先行研究を基に整理した。本節では，これらの先行研究が明らかにしてきてことと欠けている点，先行研究から考察できること，同考察を踏まえた解明すべき課題を述べる。

(1)　歴史と製法の先行研究が明らかにしてきたことと欠けている点

　先行研究によって，國酒の歴史と製法を整理することができた。当該分野における先行研究は充実している。一方で，欠けている点も明らかとなった。それは，統合的な視点である。

　先行研究のほとんどは歴史や製法の一部分に焦点を当てている。全体に言及した研究は少ない。歴史では堀江（2012）が網羅的であるが，画期となる明治期の軟水醸造法に関する言及がない。また，製法や風味，原料についても多く

は細分化された研究である。さらにいえば，日本酒と単式蒸留焼酎の比較研究も少ない。

　これは，1つには全体を金額等で把握しうる経済的な研究が少ないためであろう。また，近代学問が領域を細かく分けた分析を基本としていることが影響している。細分化によって，専門分野の研究は厳密性を担保しえた。しかしこれは，学問的には厳密であるが，実社会に有益な示唆をもたらさない研究成果が輩出される一因との指摘がある（原田保・古賀，2016，p.12）。

　本書の目的は國酒の成長戦略であり，実践的なものである。したがって，統合的な視点が不可欠となる。そのために，第2章及び第3章では，細分化されている先行研究の統合を試みた。これは当該分野における前例が少なく，本書の成果の1つといえる。次に，統合によって可能となった考察を述べる。

⑵　日本酒の歴史と製法に関する考察と解明すべき課題

　日本酒の歴史は長い。しかし，全体を統合的にみると，大きく2段階に，戦前と戦後に分けてみることが適切である。製法とその背景となる思想が異なるためである。戦前には長らく積み上げてきた，東洋思想を背景とした技術が完成し，全国に普及した。一方，戦後は，明治維新以降に取り入れた，西洋科学を応用した製法に切り替わった。

　製法は一見，江戸時代から変わっていないようにみえる。しかし，西洋科学を取り入れ，それが普及した戦後と，それまでの考え方には，大きな断層がある。それは，自然をコントロールの対象とみるか，所与の恵みとみるかの相違といえる。ワインにおけるサイエンスとアートに相当する（Thornton，2013，p.85）。

　日本酒の風味は，穀物で個性が少ない米を精米して主原料としていることから，果物であるブドウを原料とするワインに比べると特徴に乏しい。微妙な日本酒の特徴を醸すのは主に微生物である。原料米と麹の酵素の相互作用による糖とアミノ酸の状態と，酵母が産する各種有機酸である。これらは，先行研究によって明らかにされている。

　微妙な風味が特徴である日本酒の改善は，繊細なバランスを壊す雑味の排除に力点が置かれてきた。それは元来，腐造に繋がりかねない雑菌を排除するた

めであった。しかし，腐造の心配が少なくなった後も，雑味の排除が最大の目的とされ続けた。

　その理由は，日本酒の風味が繊細であることに加え，西洋科学の適用が雑味の排除に傾かざるを得ないためであろう。影響の測定が難しい雑菌は，西洋科学の分析の枠組みに入らないことから，排除する方向とならざるを得なくなったものとみられる。

　その結果，酒母養生の期間が長く雑菌が入る可能性が高い生酛は敬遠されて，外部から乳酸を投入する速醸が選択された。タンクは雑菌が棲みかねない木桶からホーローに替わった。風味の養成は，蔵付きの微生物から，科学的に選択・培養された酵母に切り替わった。

　ところが，このように生成された風味は一時的には流行するものの，やがて飽きられ，消費量の減少に歯止めをかけるには至っていない。例えば，吟醸香を強める酵母の利用が流行した時代があったが，今日では人気がない。それどころか，食中酒としての日本酒の個性を殺し，消費量減少の一因となったと回顧されている（堀江，2012，p.312）。

　西洋科学は，日本酒の腐造防止や風味の制御に大きな進化をもたらした。しかし，消費者にとって理想的な風味のバランスは，西洋科学においても不明である。したがって，西洋科学の適用によっては，理想的な酒を造ることができないというジレンマに陥っている。

　さらに，雑味の排除を基本とする西洋科学の適用は，同質化に繋がりかねないという危険性を有している。かつての淡麗辛口（新潟清酒・本醸造や吟醸が主体）の流行と衰退はその端的な例である。また，アルコールを添加しない分，かつての淡麗辛口よりは風味が豊富な純米酒についても，同質化の傾向が出ている。国税庁（2019）の「全国市販酒類調査結果：平成29年度調査分」によれば，10年前に比べて純米酒の酸度は4％減少，特にアミノ酸度は12％減少している。

　成長戦略の観点から，本書において独自に解明すべき課題は，このような同質化の罠から逃れるためには，どのような方策をとるべきかということである。これは，より大きくは，歴史・製法における伝統の流れと，科学の流れをどのように成長戦略上位置づけるかということである。この観点は，主に第6

章において検討を加える。

⑶　単式蒸留焼酎の歴史と製法に関する考察と解明すべき課題

　単式蒸留焼酎において，活用が望まれる過去の技術に相当するのは，高度成長期までは沖縄において伝承されていたとみられるシー汁や，芋等の多様な原料の利用である。詳細は先行研究でも不明であるが，今後，差別化や高度化が必要な場合の発想の源泉となりうる。また，古酒も重要である。

　芋は米に比べると，香り成分が豊富である。柑橘類に近い成分もあり，それが抽出できることも明らかになっている。価格も安価で，規模の経済の存在が示唆される。

　成長戦略の観点から，本書において独自に解明すべき課題は，日本酒と比べた場合の規模の経済の確認である。この課題は第5章において定量的に分析する。

　日本酒に比べ遅れがみられる科学の適用による差別化も課題である。柑橘成分の活用等が該当する。さらに，伝統の活用も重要である。これらは第6章において検討される。

第4章

流通・内需・輸出

第1節　流通と内需

(1)　内需の動向

　まず，酒類全体の内需を概観する。内需のアルコール消費量は成人人口に同人口当たり消費量を乗じたものとなる。成人人口が減少傾向に転じたのは2010年である（総務省「人口推計」）。他方，成人当たりアルコール消費量が減少に転じたのは1990年である。1990年から2010年にかけて，成人当たり消費量は，9.12リットル/人から7.20リットル/人へと，21％減少した。そして，2010年以降は底打ちしたようにみえる（図4-12）。

　1990年から2010年の間の成人当たりアルコール消費量の減少はどのような

出所：総務省「人口推計」，国税庁「酒税課税状況表」，日刊経済通信社『酒類食品統計
　　　年報』より筆者作成。

図4-12　成人当たり純アルコール消費量

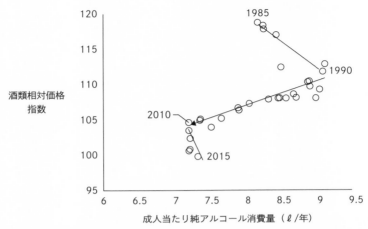

注：酒類相対価格指数は酒類の消費者物価指数を同総合指数（除生鮮食品）で除し
　　たもの。消費者物価指数は代表的な銘柄（日本酒では普通酒）の価格推移から作
　　成される。
出所：総務省「消費者物価指数」，総務省『人口推計』，国税庁「酒税課税状況表」，
　　日刊経済通信社『酒類食品統計年報』より筆者作成。

図4-13　成人当たり酒類消費量と価格の関係

事由で生じたものなのだろうか。その契機として，考えられるのは，2つの変
化である。1つは貿易摩擦の解消を睨んで進められた円高の進展と安価な海外
製品の台頭である。もう1つは同時並行的に進んだ酒類小売の規制緩和である。

　この2つの変化がもたらす理論的な期待は，酒類価格の下落と，それに伴う
消費の拡大である。ところが，現実には酒類価格は下落したが，それ以上に消
費が減少した（図4-13）。これは，何らかの負の需要ショックによる需要曲線
の左シフトを示していると捉えることができる。

　負の需要ショックとは通常経済の悪化等をさすが，この間の一人当たり所得
指標に縮小傾向はみられない（図4-14）。また，所得と財の消費の関係は単純
ではない。財には，所得が増えると消費量が増える正常財と，逆に減る劣等財
がある。例えば，ワインにおいては，中高級酒が正常財と，大衆酒が劣等財と
みられている。したがって全体としては，所得の影響が中和される。米国の実
証研究では，ワイン全体として，劣等財，正常財，所得に対し非弾力的とした
研究がそれぞれ存在している（Thornton, 2013, pp.227-231）。

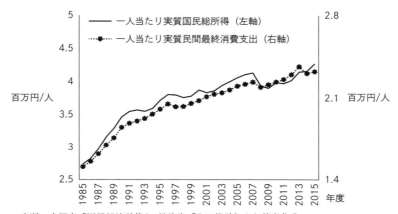

出所：内閣府「国民経済計算」，総務省『人口推計』より筆者作成。

図4-14　一人当たり所得指標

　日本の酒類における負の需要ショックとして考えられるのは，よりミクロな特殊要因である。一般によく指摘されるのは若者の酒離れである。しかし，そのような世代的要因はもう少し緩やかな影響を与えることが多く，90年以降の酒類消費に観察されるような急激な転換には合致しないと思われる。また若者の酒離れを構造変化とすれば，2010年以降の底打ちを説明することもできない。

　本章の仮説は，少し品質に劣る類似商品の提供に力点を置いたことが，高度化する消費者の需要とミスマッチを起こし，それが負の需要ショックとなったとするものである。消費者からみると別な財を提供されたので，別な均衡点にシフトしたとも整理される。類似商品に関するイノベーションが，結果として，負の需要ショックや，別な均衡点へのシフトに繋がったと考える。

(2)　安価な類似商品の登場

　さて，酒類市場に何が起こったのだろうか。それは，安価な類似商品の登場である。バブルの崩壊に続いて円高に伴う輸入ビールの台頭が生じた。そして国内のビール会社は，輸入ビールに対処するために発泡酒を1994年秋に開発し上市した。発泡酒はビールに比べると麦芽の使用料が少なく，その分酒税を回避しうる。その額は麦芽の使用量によるが350 ml缶ベースで40〜50円程度であった（水川，2009，pp.45-46）。

　安価な商品の開発は流通からの要請でもあった。1989年から2006年まで酒類小売に関する規制緩和は段階的に進んだ。小さな酒屋に代わって新しく参入してきたプレイヤーは，ディスカウント店，ホームセンター，食品スーパー等の大規模店である。これらに共通するビジネスモデルは，大量販売による価格面における優位性の訴求である。酒類取扱い流通は，激しい価格競争に勝ち残るため，より安価な商品を製造企業に求めた。そして，それが安価な類似商品のイノベーションを喚起した（佐藤淳，2017，p.17）。

　発泡酒の開発から約10年後に（2003），ビールメーカーはさらに酒税が安い第三のビールと通称されるビール風飲料の開発に至る。その結果，1989年度には酒類消費全体の71％を占めていたビールは，2014年度には31.2％と半分以下にウエイトを減らした。ビールに代替したのは，発泡酒や第三のビールである。これらは酒税が安いジャンルにおいて，ビールに似せた風味を実現したものでビール風酒類と呼ばれている。ビールにビール風酒類を加えるとシェアに変動はみられない（佐藤淳，2017，p.15）。

　これらの類似品イノベーションは経済厚生を歪めたとする先行研究がある。慶田（2012，pp.1-2，pp.12-13）は「節税ビールである発泡酒は，品質が低いにもかかわらず課せられている税率が低いことによって需要が発生している。もし，同一の税率の下ならば価格優位性がなく需要がない可能性がある。このような商品は限界費用と異なる価格のために，資源配分を歪めてしまい，経済厚生を引き下げていると理解される」と述べ，「発泡酒の開発は望ましくないイノベーションであった」と整理している。

　焼酎分野でも類似商品が市場を席捲した。焼酎には連続式と単式がある。連続式は蒸留を複数回繰り返すもので，純度の高いアルコールを得ることができるが，原料の風味はほとんど残らない。主にチューハイ等の原料として用いられる。

　単式は蒸留を一回のみ行う伝統的な製法で，原料の風味を残す。単式蒸留焼酎の製造地域は南九州に集中しており，お湯割り等，独特の文化を育んできた。両者は歴史的にも地理的にも，別な分野として発展してきた。

　焼酎（連続式・単式合計）消費量は，他の酒類と異なり2007年まで増加を続けた。これは主に単式が品質を改善することによって，消費者に評価され成長

を遂げたものである。高度化し異質性を求める消費者の嗜好に合致していたのである。

単式蒸留焼酎は，連続式蒸留焼酎や日本酒のシェアを奪いながら成長を続けた。転機が訪れたのは2005年頃である。人気を博していた単式蒸留焼酎の風味を残した類似商品として，単式を約2割使用し，残りに連続式をブレンドした混和焼酎が大々的に上市されたのである。単式に比べると連続式のコストは安く，混和焼酎は低価格を武器に市場を席捲した（佐藤淳，2017，p.16）。

混和焼酎はビール業界におけるビール風飲料に近いインパクトをもたらし，単式蒸留焼酎の一部を代替，単式蒸留焼酎の成長を止めるに至った。もっとも今日では混和焼酎の人気も薄れ，連続式・単式ともに減少傾向に転じている。

単式と連続式のブレンドは，イギリスのスコッチ産業において開発された手法である。ウイスキー業界においてブレンドは，多様化と品質向上の手段として広く行われている。しかし，混和焼酎は，ブームの最中にあった単式蒸留焼酎への安価な類似商品として提供されたもので，スコッチのような熟成や多様性を欠き，焼酎業界全体には負の需要ショックのみが残された（佐藤淳，2017，p.16）。

日本酒は類似商品開発の先駆者といえなくもない。その端緒は1922年の鈴木梅太郎らによる，米を原料としない合成清酒の開発に遡る。戦中には米不足を背景とした大量のアルコール添加がなされ，戦後はそれが一般化した。消費量は1975年をピークに減少を続け，今日では往時の1/3に過ぎない（1975年度→2015年度：1675千kℓ→556千kℓ，『国税庁統計年報書』）。

1990〜2010年の日本酒業界では，経済酒パックと呼ばれる2〜3リットルの紙パックが急増した。安価な商品イメージを強く訴求した酒類である。経済酒パックは，1990年には日本酒の10.2％に過ぎなかったが，2005年には43.0％に達したとみられている（喜多，2005）。

⑶　小売の規制緩和と情報の非対称性

酒類小売の規制緩和について，南方（2012，pp.39-40）は次のように整理している。

酒類小売規制の緩和が開始された1980年代後半には並行輸入された洋酒の

低価格販売が目立つようになり，1990年代前半は酒ディスカウンターが急速に成長した。さらに1995年3月に「規制緩和推進計画について（閣議決定）」，1995年12月には「行政改革委員会規制緩和の推進に関する意見（第1次）―光り輝く国をめざして―」において，酒類小売業免許自由化に向けた基本的方向が示された（南方，2012，p.39）。

1998年3月には「規制緩和推進3か年計画」が閣議決定され，同時に国税庁が「酒類販売業免許等取扱要領」を改正し，1998年3月から適用されることになった。同要領では，距離基準は2000年9月廃止，人口基準は1998年9月から段階的に緩和し，2003年9月に廃止と定められた。実際には2001年1月に距離基準が廃止，2003年9月には人口基準が原則廃止，2006年8月末には例外措置も撤廃され，酒類の小売販売は全ての地域で原則自由化されることになった（南方，2012，p.40）。

これら一連の規制緩和によって多くの新規プレイヤーが酒類小売業界に参入し，その価格競争は熾烈を極めた。その結果，当初話題を集めたディスカウンターは徐々に減少し，総合体力に勝る大手総合スーパーが主力となった。また，規制緩和前の主な流通チャネルであった酒類小売店（酒屋）の多くは退出を余儀なくされている（図4-15）。

小売自由化は，酒類販売の大型店シフトをもたらしたのである。しかし，大

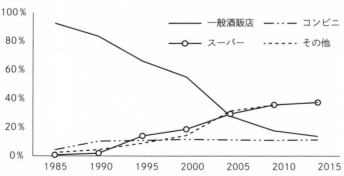

出所：国税庁「酒類小売業者の概況」，同「酒類小売業者の経営実態調査」より筆者作成。

図4-15　業態別酒類小売数量構成比

型店では，酒類知識に乏しい層による代理購買が多く，対面販売ではなく，価格だけがシグナルとなる陳列販売が主体である。難しい酒類情報を対面で説明し媒介する役割を果たしていた酒屋が少なくなり，酒類の商品価値を判断することは困難となった。情報の非対称性が拡大したのである（佐藤淳，2017，pp.17-18）。

　このような状況においては，最終消費者のニーズが差別化や品質にあったとしても，その情報を製造企業に届けることは難しい。最終消費者以外のプレイヤー（代理購買者，流通，製造）は，同じような商品を安価に提供する傾向を強めた。ニーズと商材との乖離が生じたのである（佐藤淳，2017，p.18）。

　その結果，類似品イノベーションが喚起され，短期的には当該財がヒットするものの，代替された財はそれ以上に市場が縮小する状況が生じた。これは最終消費者が，従来に比べ品質の悪化した酒類を敬遠したためとみられる（佐藤淳，2017，p.18）。

　情報の非対称性が存在する場合，最終的には，生産者も，消費者も損失を被る。1990 年から 20 年間にわたる消費の減退は，同期間における情報の非対称性の存在を示唆するものである。それは端的には，供給サイドは酒類を未差別化品として捉えていたが，代理購買者を除く最終消費者は酒類を差別化品とし

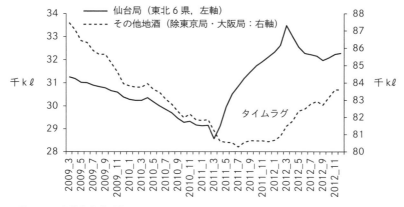

注：12 ヶ月後方移動平均。
出所：日本酒造組合中央会まとめの概数データを基に筆者作成。

図 4-16　特定名称酒出荷推移

てみなし始めていたことによるミスマッチと考えられる（佐藤淳，2017，p.18）。

　　その証左に，2011 年の東日本大震災以降，被災地支援購買を契機に特定名称酒が大型店に店頭に並び始めると，成人当たり酒類消費量の減少は止まった。図 4-16 には東北の特定名称酒出荷が震災で V 字回復したこと，その後生産が追い付かず，他県の特定名称酒出荷増に波及したことが示されている。被災地支援購買は情報の非対称性を緩和し，酒類需要が底打ちする契機となった。

⑷　酒類需要関数の推計

　　ここまで整理してきたように，酒類製造企業も流通も 1990 年以降，類似商品への依存を高めている。そのような品質を抑えて低価格を実現した商品群が，消費者には別な財と認識され，潜在的に高度化していた需要とミスマッチを起こし，負の需要ショックと，需要曲線の左シフトが生じ，酒類消費の減少に至ったと考えることができるだろう。

　　この間の需要曲線の左シフトや均衡点の下方展開は，散布図（図 4-13）によって視覚的・直観的に把握することができるが，ここではさらに，データによる検証を試みる。需要関数を推計し，その符号条件が負の需要ショックを織り込んで入れば，需要曲線の左シフトが確認されると考えた。同質財の需要関数は次のような対数線形に整理される。

$$\ln(Q_D) = \beta_0 + (\beta_1 u_D)\ln(P) + (\beta_2 u_D)\ln(I)$$

　　上式における Q_D は酒類の消費量，p は酒類価格，I は所得 u_D は負の需要ショック，β は需要関数のパラメータである。符号条件は，$\beta_0 > 0$，$\beta_1 < 0$，$\beta_2 > 0$，$u_D < 0$ となることが想定される。

　　負の需要ショックを想定しているのは，図 4-13 に示されているように，1990 年以降の酒類需要曲線は，供給曲線のように，左肩下がりの形状をしていると考えられるためである。

　　推計に際しては酒類消費量と国民総所得は対象人口当たりのデータを，酒類価格指数は総合価格指数で除した相対価格を採用している。これらは時系列データのため単位根検定を行い[10]，国民総所得に関しては，1 階差をとり定常

化したうえで，推計を行った。

　推計結果は下記の通りである。価格に関する係数は1%水準で有意にプラスであり，負の需要ショックによる需要曲線の左シフトが確認された。

$$\ln(Q_D) = -14.636 + 3.581 \ln(P) - 0.592 \ln(I)$$
$$\quad\quad\quad (-8.29)\quad(9.48)\quad\quad\quad(-1.46)$$

$AdjR^2 = 0.839 \quad DW = 1.21$

Q_D：成人当たりアルコール消費量[11]

p：酒類相対価格指数[12]

I：一人当たり実質国民総所得[13]（前年比）

推計期間：1990～2010（年度次）

注：括弧内の数値は t 値。

⑸　情報の非対称性の解消

　本章では，我が国の酒類市場において，1990年から2010年にかけて生じた，平均価格が下がりながら，成人一人当たり酒類消費量が減退する特異な現象に関し，その原因を需給のミスマッチと考え検証を行った。その結果として，酒類製造においては類似商品のイノベーションが活性化したこと，流通においては規制緩和に伴う大規模化が同イノベーションを加速させる役割を果たしたこと，が整理された。

　また，需要サイドにおいては，需要関数の推計を通じて，負の需要ショックが継続的に発生していることが確認された。負の需要ショックがもたらす需要曲線の左シフトは，あたかも別な財需要曲線が連続的に発生したかのようであるが，これは類似品のイノベーション及び同供給加速と整合的とみられる。

　類似品の供給曲線は従来の酒類と大差ない。そのうえで需要曲線が連続的な

10　単位根検定 ADF test p 値：Q_D0.000, p0.059, I（階差1）0.001。分散均一検定 White test p 値：0.051。

11　データの出所は図4-12に同じ。

12　データの出所は図4-13に同じ。

13　データの出所は図4-14に同じ。

負の需要ショックにより左シフトすると，均衡点は供給曲線上を左下に移行する。散布図によって視覚的・直観的に確認できたことが，データ等によって検証できた。

　これを財の性格に即して整理すると，1990年以降，供給サイド（製造企業・流通）と，需要サイド（消費者）との間で認識に離齬が生じたとみられる。供給サイドは酒類をそれまでと同様に大衆品として捉えていたのに対し，需要サイドは差別化品として捉え始めた。その証左が，負の需要ショックである。2011年以降の特定名称酒を中心とする需要の底打ちは，そのような需要の変化に，供給サイドが漸く対応した結果である。

　認識の離齬は情報の非対称性とも称される。情報の非対称性の拡大は，酒類産業における失われた20年の遠因とみられる。円高による内外価格差や，酒類流通の自由化に伴う酒類流通の大型店化が，代理購買の促進や，同質財認識をベースとした価格競争の激化をもたらし，それが情報の非対称性を拡大したのである。

　消費者は酒類を単なるアルコール（致酔財）ではなく，別な財として捉え始めている。政府統計（家計調査）の前提では，日本酒は生活必需品に相当する基礎的支出に，ワインは贅沢品に該当する選択的支出に分類されている。しかし，日本酒では，大衆酒に相当する普通酒が減少を続ける一方で，中級酒に相当する特定名称酒が伸長しているなど，その前提は崩れ始めている。

　アルコール以外の要素とは，品質や，品質をもたらす自然条件や伝統，すなわち文化であると想定される。2011年以降の，特定名称酒や日本産高級ウイスキーの伸長は，その種のニーズに供給側が応える体制ができつつあることの証左であろう。坂口謹一郎（1997c, p.12）が喝破したように酒類の本質は文化であって，単なるアルコールではないことが，需給双方に浸透しつつある。

　したがって，さらなる需要減退を防止し，反転成長に至るためには，酒類における文化的側面を再認識し，差別化品としての商品開発に全体として転ずる必要があると整理される。このような方向性は，地域農業と結びついている日本酒や単式蒸留焼酎にとっては，適合しやすい側面を有している。差別化品のイノベーションを活性化させることができれば，経済の停滞に苦しむ地方圏における福音となるだろう。

　差別化品の提供による成長は中高級酒分野において，成功の端緒がみえ始めている。その契機となったのは，東日本大震災における被災地支援である。同支援によって特定名称酒が大型流通に初めて大々的に取り上げられ，需要の変化にミートした結果，特定名称酒市場が全国で活性化するに至っている。被災地支援購買は情報の非対称性を緩和し，酒類需要が底打ちする契機となった。

(6)　単式蒸留焼酎の地域的偏在の解消

　ここでは単式蒸留焼酎における地域的偏在の解消について言及する。単式蒸留焼酎は，酒類全体が弱含んだ1990年以降も成長を続けた。その原因は，日本の中に大きなフロンティアが残っていたためである。

　単式蒸留焼酎産業は戦後ほぼ一貫して成長を遂げてきた。それは消費地域の広がりとリンクしている。単式蒸留焼酎の生産はほぼ南九州（熊本，鹿児島，宮崎，大分）に限定される。生産の偏りを反映し，焼酎の消費には強い地域性がみられる。

　単式蒸留焼酎の消費地域は当初は南九州以南に限定されていた。それが高度成長期を過ぎると九州全体へ，20世紀中には大阪から名古屋付近までが消費地域となった。この消費地域の拡大が単式蒸留焼酎成長の基本要因であった。消費拡大は規模の経済を生み，大規模投資を可能とし，さらなる拡大を生むという好循環である。

　九州や西日本と異なり，東日本は連続式蒸留焼酎の消費が多い。地域別に単式蒸留焼酎の消費量が連続式蒸留焼酎を上回るかどうかに着目し，その境界を単式蒸留焼酎前線とし，同前線の北上が，単式蒸留焼酎消費拡大のメカニズムであるとした先行研究がある（佐藤淳・有賀，2002，p.52）。

　図4-17にその研究を示す。単式蒸留焼酎と連続式蒸留焼酎を地域別・時系列で比較すると，徐々に単式蒸留焼酎の消費が多い地域が増えて，単式蒸留焼酎前線が北上していることがわかる。

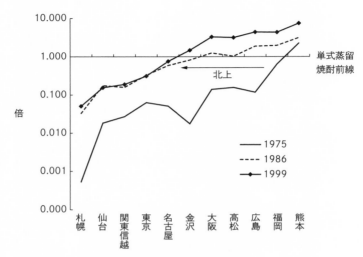

出所：国税庁『国税庁統計年報書』より筆者作成。

図4-17　単式蒸留焼酎／連続式蒸留焼酎　国税局ベース消費量比

第2節　輸出

(1)　日本酒輸出の概況

　日本酒は順調に輸出量を増やしている。単価の上昇も顕著であり，質，量ともに順調である。輸出数量の上位地域は，米国，中国（本土），香港である。米国ではリーマンショックによる影響が大きかったが，近年では回復している。数量的に最も目立つのは中国本土向けの急拡大である（図4-18）。一方，輸出単価をみると，香港の上昇が顕著である（図4-19）。輸出数量では中国本土が，輸出単価では香港が，日本酒輸出を牽引している。

　一見，単価上昇よりも数量拡大の方が目立つように思える。それは，未だに世界の酒類に占める日本酒のシェアは微々たるものであり，伸びる余地が大きいためである。世界全体で消費されているアルコールのうち，日本酒輸出が占める割合は0.01%（2015年，貿易統計，World Health Organization）に過ぎな

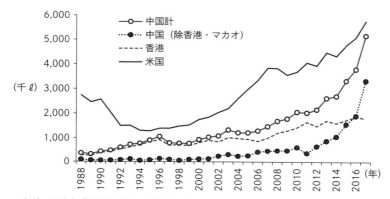

出所：財務省「貿易統計」より筆者作成。

図 4-18　日本酒輸出数量：米国と中国

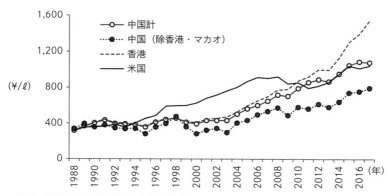

出所：財務省「貿易統計」より筆者作成。

図 4-19　日本酒輸出単価：米国と中国

い。特に，輸出量が急伸している中国について同じように試算すると，0.008％に過ぎない（2015年）。日本酒輸出の拡大余地は大きい。

　しかし，より注目すべきは単価の上昇である。高価格化と数量は，一般的にはトレードオフとなる。いいものをより安く作り，輸出を拡大することが，我が国の成功パターンであった。日本酒は，そのパターンから外れ，高価格化と数量拡大が同時に進行している。図 4-19 の輸出単価には関税や海外流通経費

が含まれない。したがって，実際にはこの数倍の単価となる。海外では日本よりも高級品として受け入れられ，しかも数量を伸ばしている。

　その特徴を一言でいえば「いいものをより高く」と表現できるだろう。これは，我が国製造業の輸出成功の源泉であった「いいものをより安く」とは異なっている。

　かつての日本は，欧米諸国に遜色ない品質の製品を，欧米諸国より安い価格で海外の消費者に提供することによって輸出を伸ばしてきた。その結果，貿易摩擦に発展し，プラザ合意にて急激な円高を余儀なくされ，国産品を安く輸出することは難しくなった。

　国内生産で円高に対応するには高級品へのシフトが必要だ。しかし，キャッチアップをベースとした成功体験からは，コストダウン以外の発想は生まれにくい。付加価値を産む出る杭や変わり者を大切にしなければならないが，世界的発明をした研究者を追い出すケースすら目立ったのである。その結果，我が国は長い経済的な低迷を余儀なくされている。一方，日本酒は高級品として輸出され好調である。さて，この現象は数量シェアが低くて希少価値となっていることによる一時的なものなのだろうか。それとも，日本酒が高付加価値化したために，世界に受け入れられたものなのだろうか。

　結論を先取りして述べると，前者の要素（希少性）も存在するだろうが，後者の要因（高付加価値化）が大きいとみられる。その理由は，企業構造（第5章）で述べるように，日本酒は数十年をかけて高度化し，また，高付加価値を産みやすい産業構造や企業形態に変化しているためである。

⑵　中国

　中国は世界最大のアルコール消費国であり，2位のインドの2倍，3位の米国の3倍に近く，日本の約9倍である（2015年：World Health Organization）。

　中国全体における純アルコール換算後の酒類構成比（2015年）は，スピリッツ（白酒）66％，ビール31％，ワイン3％であり，白酒が大半を占めている。白酒の消費は内陸（中西部）が中心であり，ビールやワインは沿岸部が主体である。日本酒輸出が占める割合は増えてきてはいるが，0.008％に過ぎないとみられる（2015年：World Health Organization）。

　香港を取り出すと純アルコール換算（2015 年）で，ビール 44％，ワイン27％，スピリッツ（白酒）29％と，やや様相を異にする。日本酒輸出の占める割合は 1.4％（2015 年：財務省「貿易統計」，中華人民共和國香港特別行政區政府衛生署）である。

　中国本土は，世界中で最大級に国境措置が厳しい。一方，香港は世界中で最も規制が少ない。中国本土では，日本酒に対して重い税が課せられ（計 83％），通関手続きも煩雑である（計 1 ヶ月）。福島原発事故の関連から 10 都県の酒類は今でも輸出できない。一方，香港には課税や規制が存在せず，通関も 1 日程度である（伊藤ら，2018, p.14）。

　したがって，貿易統計ベースの輸出単価では 2 倍の差があるが，関税等を加えた国境通過後は同じ程度となる。もちろん，日本からの価格が倍違うのであるから，質は異なる。

　制度差はワインと日本酒との間にもみられる。ワインの中国本土への関税等は，日本酒の半分以下（40％未満）であり，さらに，香港経由の場合，通関手続きは通常の 1 ヶ月から数日に短縮される（CEPA 関連の規制緩和措置による）。この結果，香港から中国への再輸出割合はワインでは 43.2％に達するが，日本酒は 14.3％である（金額ベース：伊藤ら，2018, p.14）。

①　上海インタビュー調査（2017/3）：上海桂原貿易有限公司

　上海桂原貿易有限公司は，日本名門酒会（日本酒卸である㈱岡永が主催する地酒を取り扱うネットワーク）に属する，特定名称酒を中心とした日本酒卸である。中国国内における地酒販売の草分けである（1998 年 8 月〜）。上海では東日本大震災後に禁輸措置が取られている東北の酒に人気があったことから，販売のピークは震災前であった。

　卸先は飲食店が 7 割，小売が 3 割である。飲食店は百数十店舗でほとんどは日本料理店である。そのオーナーは，十数年前は日本人が多かったが，今は中国人のオーナーが 9 割ほどを占める。

　名門酒会の温度管理は厳格である。輸入にはリーファーコンテナを利用し，ユーザーへの配達も夏は冷蔵トラックを利用する。定温管理をしているところは少なく，同社以外には数社のみである。しかも品質管理の重要性はユーザー

に浸透していない。流通のみならず飲食店でも冷蔵庫や保管スペースがなく，温度管理をしていないところも少なくない。

　中国本土における酒類ビジネスの問題は，租税等規制の厳しさであり，課題は日本料理以外へ浸透させることである。日本酒に関する関税は40％程度，増値税は17％，消費税は10％，複利的な計算で計83％となる。20年前は121％であったから安くはなっている。一方ワインは計45％未満である。関税や増値税などがワインと同じ競争条件となれば，普及は加速するとみられる。また，中華料理店への展開が鍵を握る。中華料理店も，近年では刺し身を提供する店が増えているので，日本酒が浸透するチャンスがある。

　上海桂原貿易有限公司は，関税や禁輸措置等の国境措置軽減と，日本料理店以外への浸透が，中国本土における日本酒の課題とみている（伊藤ら，2018，pp.9-10）。

② 　香港インタビュー調査（2017/3）：Elegant Trade

　Elegant Trade が日本酒の卸販売を始めたのは2004年である。同社は当初から温度管理には留意している。卸進出前は尖沙咀（チムサーチョイ）にて2002年から居酒屋を経営していた。日本の焼酎ブームの影響から焼酎に注力していたが徐々に日本酒が拡大した。割って飲む習慣が受け入れられないためである。焼酎のアルコール度数25度は中途半端かもしれない。現在は料理店2店舗と卸を経営している。卸先は日本料理屋が多く，毎月定期的な対象は100～120店舗，高級～カジュアル店，日系もあるが，ほとんどが現地の香港系である。

　香港の日本酒事情は東京の影響が大きく，『dancyu』に載るようなものが売れる。Elegant Trade によれば，有名な蔵と東京でも知られていない蔵とのバランスを取りながら香港のマーケットも大きくなってほしいということである

　同社は直接13社から仕入れている。日本酒蔵元の取扱いは1年に1社ずつ増やしてきたが，これ以上拡大することは難しい。香港の日本酒マーケットは飽和状態にある。2008年から醸造酒に関わる輸入関連税がなくなって競争が激化した。

　市場を広げるには中華料理とのペアリングが必要である。商談会よりも，現地料理とのペアリングを日本政府や日本酒造組合中央会が牽引すべきである。

日本酒は日本料理だけではなく中華，特に四川料理にあう。四川料理の辛さは
日本酒と相性が良い。

　Elegant Trade は，香港の日本酒市場は飽和状態に近く，その壁を破るには，
日本料理以外への浸透が必要であると認識している（伊藤ら，2018，pp.10-
11）。

⑶　米国

　米国の酒類消費はビールが最大で 47.0％を占め，次いでスピリッツ（35.0％），
ワイン（18.1％）の順である。日本酒の輸出先としては数量・金額ともに世界
最大である。もっとも中国が米国の 9 割ほどに急迫しており（2017 年），近い
将来には逆転もありうる。また，関税は 1 リットル当たり 3 セント，酒税も連
邦及び地方政府合計で 1 リットル当たり数十セントと低廉である。日系企業に
よる大衆酒の現地生産も盛んである。但し，州ごとの流通規制は厳しい。

　その現地生産に高級化の動きが出てきている。「獺祭」で知られる旭酒造㈱
（山口）の米国における生産計画である。旭酒造㈱は 2019 年に米国における工
場建設に着手し，2021 年から現地生産を開始する予定である。原料の 2 割を占
める麹米には日本から輸入した山田錦を，残りは米国の食用米を利用する。年
間の生産能力は 7 千石である。これは日本でも中堅上位クラスの蔵元の規模に
相当する。拡大を続けてきた旭酒造の沿革に位置づけると，2010 年代前半の規
模に相当のプラントが米国に建設されることとなる。

　特定名称クラスの現地生産は，日本の米農業における低生産性の影響を回避
する有力な手段である。また日本酒の風味は，原料よりむしろ造り手の影響が
大きい。米国料理と相性が良くなるように風味が進化する可能性があるだろう
（伊藤ら，2018，p.12）。

⑷　単式蒸留焼酎

　単式蒸留焼酎の輸出は停滞している。一方で，他の日本産酒類は輸出好調で
ある。これは，中高級品の有無による。したがって，芳醇な香りを生かしたブ
ランド化が進めば，解決されることが期待される。

　もっとも先行する日本酒輸出の経験を活かすことは，その場合でも重要であ

る。日本酒はワインとの類似性を強調することが，海外では特に有用とみられ
ている。例えば香港や上海の高級スーパーでは「Wine & Sake」コーナーが設
けられている。品質もワインに近くなってきている。日本酒のアルコール度数
は戦時中に15度と定められてからほとんど変化がなかったが，ここにきて，ア
ルコールとは別の味を強調するようになったため，13〜14度といったワインと
大差ないアルコール度数が増えている。

　焼酎は25度，または20度とされているケースが多い。このアルコール度数
は，他国にはない独特の水準であり，海外で展開を図る上では，どんな酒類な
のか理解を難しくしている可能性がある。

　日本酒は国際的ワインコンクールにおける日本酒部門の創設によって飛躍の
契機を得た。ウイスキーは国際的なコンクールへの参加と受賞によって輸出を
伸ばしている。このように，海外コンクールへの参加は重要な意味を持つとみ
られる。そのためには，海外の蒸留酒と同じ土俵に立つ必要がある。原酒によ
るチャレンジが期待される。芳醇な香りは，原酒の方が強調されるだろう。

⑸　日本料理の影響

　ここでは日本料理の影響を検討する。日本酒の輸出は海外の日本料理店向け
が中心となっている。日本酒は日本料理店以外にも広がるのだろうか。

　食文化は食嗜好の一種と考えることができるが，食嗜好と味嗅覚は異なる概
念である。味嗅覚は視覚と同様に，人間の感覚をあらわす生理学的な反応であ
る。例えば舌から脳へ信号を伝えるのが味覚である。一方，嗜好は過去の食体
験に基づいて好悪が判断される好き嫌いを指す（伏木，2008，p.2）。

　食嗜好（おいしさ）の構成要素は次の4つである（伏木，2008，p.28）。

①　生理的な欲求が満たされるおいしさ。

②　食文化に合致したおいしさ。

③　情報がリードするおいしさ。

④　やみつきになる特定の食材が脳の報酬系を刺激するおいしさ。

　酒類は②③④に関係する。日本酒は，④の酔いを求める飲み方（量）が減っ
て，②③の文化や情報を求める飲み方（質）にシフトしているとみられる。

　グローバル化における課題も，食文化と情報に集約される。海外では，情報

によって，食文化の差をなるべく意識させないようにできるかも知れない。例えば，ワインと同じレーティングである。ワインではロバート・パーカーのような専門家のレーティングが尊重されている。ロバート・パーカーと経験を共有していない消費者の好みは異なるものの，先行して経験をつんだエキスパートとして，その評価を尊重してきたのである。日本酒をワインの亜種と認識してもらう情報として，2016 年のロバート・パーカーのグループによる日本酒レーティングは貴重なものと評価される。

　食文化は食べ慣れた味という側面を持つ。海外版寿司等にみられる，日本人からみれば奇妙な食品は，当該特定グループが食べ慣れた味に近いと考えることができる。それらは日本料理の普及の阻害要因ではなく，促進要因なのである。したがって，最近始まった外国人による日本酒生産が，仮に日本人にとって馴染みがない風味に至ったとしても，それは日本酒の普及促進に寄与する。

　また，食文化では日本料理のうま味素材重視のスタイルが他国に広がるかどうかがポイントとなる。日本料理の特徴は，うま味を発見し，出汁として自在に活用している点にある。うま味は肉類に豊富に含まれているアミノ酸や核酸の一種である。しかし，日本は 675 年に肉食を禁じた（天武天皇による肉食禁止令。稲作を中心とする農耕の推進のため。原田信男，2005，p.88）。風味を補完する出汁は精進料理における昆布出汁（特定アミノ酸：グルタミン酸）として広まり（鎌倉時代），その後，昆布と鰹節（特定核酸：イノシン酸）を組み合わせて効果を増した出汁が開発された。和食が薄味の素材を活かす料理でありながらうま味があるのは出汁のおかげである（北本，2016，pp.181-185）。

　日本酒にはワインには少ないうま味成分であるコハク酸，グルタミン酸，イノシン酸が存在する（池見ら，1981：清野・廣岡，2016：島津ら，1982：三井，2016：井上，1959）。

　日本酒は薄味の日本料理に合わせて発達してきた。素材やうま味と相性が良い酒である。一方，西洋料理ではうま味を獣肉や骨などから時間をかけて抽出する。それは濃厚な味を持ったスープとなり，濃厚な味づけとなる（北本，2016，p.185）。したがって，濃厚な赤ワインとの相性が良い。

　その西洋料理も冷蔵技術の発達や低カロリー志向によって，1970 年以降は素材を活かす動きが現れる（伏木，2017，p.114）。その流れの中で，各国の前衛

的な料理人の間では，うま味や出汁に対する理解が進みつつある。うま味を独立して活用し，素材重視が一層進む可能性が出てきている。

　もっとも，うま味が海外で認識されるようになったのはごく最近である。これまでは肉の風味と区別する必要もなかったし，濃厚な味の中に埋もれていた。うま味に対する理解が進めば，それと相性が良い日本酒へのニーズが高まるだろう。

第3節　消費市場に関する考察と仮説

　酒類の消費市場に関する先行研究は，流通の規制緩和と，近年好調な日本酒等の輸出に集中している。これらは，歴史や製法と同様に細分化されて研究されている。

　本書では，流通の規制緩和と酒類消費量の減少を統合して考察し，流通の規制緩和が結果として誤ったシグナリングを増幅させ，負の需要ショックをもたらした可能性が高いことを指摘した。

　また，政府は消費量の減少を國酒の危機としている（内閣府，2012，p.2）。しかし，上記の分析からは，このような見方は，やや単純化しすぎていると考察することができる。

　確かに，一人当たりの酒類消費量は，1990年から2010年にかけて減少を続けた。しかし，この時期の消費減退は，先述のように供給者側が消費ニーズを誤解した影響が大きい。消費者は安価な未差別化品よりむしろ差別化品を望んでいたのである。さらに日本酒では，1970年代以降，長期的な減少局面にあるものの，他方で単価は上昇しており，量から質への転換がなされているとの見方も成り立つ（図4-20）。

　はたして，このような市場の変化に，供給側は十分に対応しているのであろうか。もし，対応に不足があれば，それこそが國酒危機といえるのではないか。

　実際に，2011年以降は，日本酒に対する被災地支援コーナーの設置を契機として，一人当たり酒類消費量が底打ちしている。このような被災地支援購買は，日本酒における純米吟醸酒など，高度化する消費に対応した商材の流通を

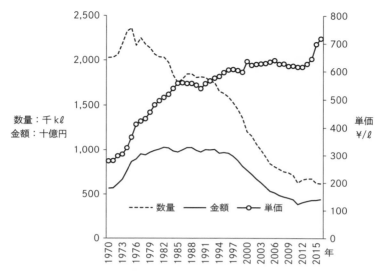

数量：千 kℓ
金額：十億円

単価
¥/ℓ

- - - 数量　——— 金額　—○— 単価

図 4-20　日本酒の出荷数量，金額，単価の推移

スムーズにする効果があった。日本酒は，純米吟醸酒のような中級酒（特定名称酒）の伸長が著しい。他方で，普通酒のような大衆酒の減少も大きい（図 4-21）。二極化しているのである。

　単式蒸留焼酎は緩やかな減少局面にある（図 4-22，23）。単式蒸留焼酎では，日本酒の純米吟醸酒のような中級グレードは創出されていない。

　酒類における所得階層別支出状況を高度成長期と最近期で比較してみよう。総務省による「全国消費実態調査」では，所得階層を 5 段階に分類して各酒類の消費支出をみることができる。

　日本酒の消費量は，高度成長の終盤に該当する 1975 年度に頂点に達した（『国税庁統計年報書』）。前年の 1974 年における日本酒への支出は，所得階層にかかわらずなされていたことが，全国消費実態調査からみてとれる（図 4-24）。この時期の日本酒は，国民各層に愛飲される国民酒であった。一方，同時期の焼酎は，低所得層の支出が多く，高所得層は少ない。

　次に 40 年後の 2014 年をみてみよう。日本酒は所得が多いほど支出が多くなっている。日本酒は国民各層が愛飲する国民酒から，高所得層が愛飲する酒

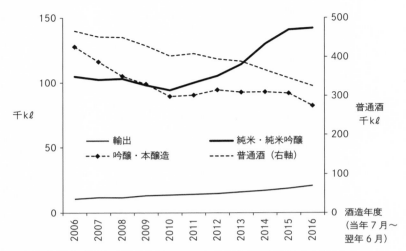

出所：国税庁「清酒の製造状況等について」，財務省「貿易統計」より筆者作成。

図 4-21　日本酒の区分別出荷動向

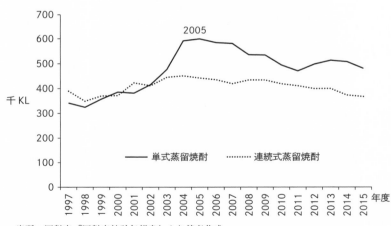

出所：国税庁『国税庁統計年報書』より筆者作成。

図 4-22　焼酎製成数量の推移

類に転じた。一方，焼酎は，高度成長期の日本酒のように各層から支持される
ようになっている（図 4-25）。

　1972 年から 2014 年にかけて所得格差を示すジニ係数（再分配所得）は，0.31

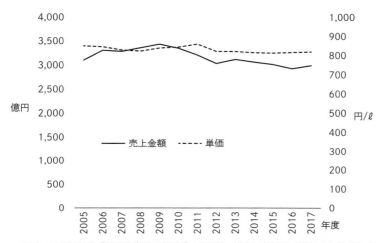

出所：熊本国税局「単式蒸留焼酎製造業の概要」，熊本国税局開示資料より筆者作成。

図 4-23　単式蒸留焼酎：売上と価格

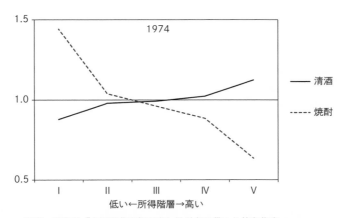

出所：総務省『全国消費実態調査』勤労者世帯より筆者作成。

図 4-24　高度成長期：日本酒と焼酎の所得階層別支出状況（5 階級平均＝1）

から 0.38 まで拡大している（厚生労働省「所得再分配調査」）。

　かつての日本酒は，大衆酒市場を中心としていた。それは供給サイドからみ
れば，アルコールを大量添加することによって変動費を下げ，規模の経済を実
現することに等しかった。しかし，高度成長以降，消費者の品質に対する要求

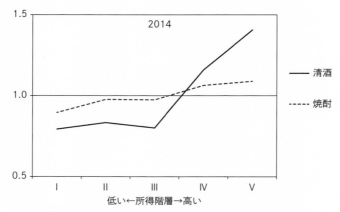

出所：総務省『全国消費実態調査』勤労者世帯より筆者作成。

図4-25　日本酒と焼酎の所得階層別支出状況（5階級平均＝1）

が厳しくなり，規模の経済を実現することは難しくなった。日本酒は消費者の要求に応えるために高価な米を多用するようになり，規模の経済は失われ，中小規模の蔵が，その供給を担っている。

　他方，かつての単式蒸留焼酎は，大衆酒市場の中でも下層を中心としていた。単式蒸留焼酎は地域的な偏りが大きく，高度成長期では市場の大きさが限られていた。そのため，日本酒に比べると機械化は遅れ気味であった。

　単式蒸留焼酎と日本酒の根本的な相違は原料費にある。芋や麦の原料価格は米に比べると安価である。米を利用する場合も精米や洗米の必要がない。通常の製造方法でも規模の経済が成立する条件が整っていたのである。

　単式蒸留の消費地域は，高度成長期には九州に限定されていた。しかし，その後消費地域は北進し，大阪や東京でも飲用されるようになった。すると，焼酎メーカーは大規模な機械化によって規模の経済と品質の向上を図るようになる。

　この消費地域の拡大と設備投資による規模の経済の追求が，単式蒸留焼酎の成長構造である。その結果，21世紀には日本酒に代わって，大衆酒市場を席捲するまでに至る。

　高度成長期には大衆酒の大きな市場があり，そこを國酒，特に日本酒が支えていた。今日では，かつてはほとんどなかった中級市場が現れ，その領域を日

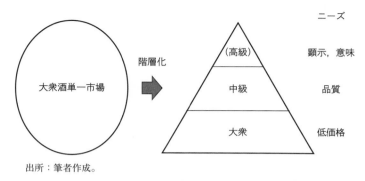

出所：筆者作成。

図 4-26　國酒（日本酒・単式蒸留焼酎）における階層化仮説14

本酒（特定名称酒）が担っている。他方，大衆酒市場は規模の経済に優れる単式蒸留焼酎が主に担っている。

　輸出は中級酒（特定名称酒）が主体である。同分野を有する日本酒は好調である。他方，中級分野が確立されていない単式蒸留焼酎の輸出は不振である。輸出には，関税等の国境措置が課せられ，さらに流通経費も嵩む。現地では日本の数倍の価格となることがほとんどである。日本では中級酒であっても，海外では高級酒の価格帯に該当する。しかも日本酒の輸出数量は伸び続けている。

　総じていえば，かつては大衆酒単一市場であった。しかし，例えば日本酒では特定名称酒が増加し普通酒が減少していることから，中級酒の市場が形成されているとみることができる。市場は階層化の過程にあるのではないか（図 4-26）。

　はたして，このような市場の変化に，供給側は十分に対応しているのであろうか。もし，対応に不足があれば，それこそが國酒危機といえるのではないか。

14　当該概念図はネクストボリュームゾーンとして期待される BOP 層等の説明図に類似するが，本研究では，日本における酒類市場の階層化を示す以上の含意はない。

第5章

國酒企業の構造分析

　消費構造の分析では，単一市場から，大衆酒，中級酒といった階層分化，市場分断への遷移可能性が指摘された。本章では，酒類企業が，このような市場分断に対し，どのように対応しているのか，分析を進める。

第1節　消費構造と企業構造の理論的整理

⑴　米国のワイン企業

　ソーントン（Thornton, 2013）は，米国のワイン企業について，次のように述べている。

　ワイン企業は，利益を優先する大企業（株式公開・非公開を問わず）と，利益以外の目的も視野に入る小企業に分かれる（Thornton, 2013, pp.166-174）。

　利益以外の目的とは，市場から購入することができない財を獲得することである。例えば，家族を優先して雇うこと，美しい絵画に相当する芸術表現としての高品質ワイン生産，芸術的なワイナリーとしての物語，他のワイナリーや批評家，マニアからの高品質ワインとしての賞賛である（Thornton, 2013, pp.168-169）。

　ワイン哲学やワインスタイルもまた利益以外の目的となる。例えば，旧世界の伝統的なスタイルへのこだわりである。それは，微妙な土地の香りを感じさせるものである。しかし，そのようなスタイルを実現するブドウ栽培等の手法は費用が嵩む。結局のところ，費用と品質はトレードオフの関係にある（Thornton, 2013, p.169）。

　さらに，ワイン生産者のライフスタイルも非市場財である。多くのワイン生産者は美しいブドウ畑を所有し手を入れることに喜びを感じている。たとえ，

外部から購入した方が利益となるにしても，ブドウ畑を所有することに意義が
あるのである。また，他者と同じような価値観を分かちあえることや，田舎の
ライフスタイル，ボスでいることや家族との関係も非市場財なのである
(Thornton，2013，p.169)。

　カリフォルニアのワイン企業184社に対する調査によると，その80％が売却
したほうが利益となるにしても，そうしたがらないとする結果がある。また，
40％は品質が良くなるのであれば，お金を失っても構わないと考えている。さ
らに，ほとんどの企業が費用を若干上回るだけの収益があれば良く，最大限の
利益は不要と考えている。そして，多くは利益よりも，ワイン企業を所有する
ことを通じて得られる喜びを大切にしている (Thornton，2013，pp.169-170)。

　また，ソーントンは，米国の消費構造とワイン企業について，次のように述
べている。まず，米国のワイン市場は3層構造である。すなわち大衆分野（コ
モディティ），中級分野（プレミアム），高級分野（ラグジュアリー）により構
成される (Thornton，2013，p.304)。

　大衆分野（コモディティ）は，少数大手企業による寡占である。これらは利
益を最大化しようとする。ワイン産業における規模の経済は工場レベルで発生
する。ワイン企業の固定費はサンクコストである。利益を最大化する企業は，
限界費用（変動費）が，限界収入を超えるまで，生産を増やそうとする
(Thornton，2013，p.22，p.24，p.184，p.195)。

　ボリュームゾーンである大衆酒市場では，相対的に規模の経済が大きい。規
模の経済が大きいと，効率がよい大工場が成立しやすくなる。すると，大工場
を投資する資金力がないと市場に参入できなくなる。その結果，寡占が成立し
やすい。

　大衆酒から水準が上がると（プレミアム・ラグジュアリー），独占的競争に近
づく。この競争的な市場には，数千の中小企業が存在するが，それは参入が容
易なためである。しかし，それぞれの企業は差別化に成功すると独占的な価格
設定が可能となる (Thornton，2013，pp.186-187)。

　ボリュームが少なくなる中級酒市場では，規模の経済が相対的に少なくな
る。資金量が多くなくとも参入が可能となるため，規模の経済による寡占は成
立し難い。この領域における競争条件は差別化競争である。経済学では独占的

競争として整理される。品質の改善等による差別化によって，一定時期は独占的な利益を得ることができるが，同じような品質を実現する新規参入者によって，時間が経つとその利益は失われていく。

　中高級（プレミアム・ラグジュアリー）階層には，利益最大型の企業と，利益以外も追求する企業，双方がみられる（Thornton, 2013, p.187）。但し，利益最大型の企業は中級（プレミアム）の一番下の価格帯に属する（Thornton, 2013, p.188）。一方，高級（ラグジュアリー）階層では，利益以外を追求する企業が多い（Thornton, 2013, p.189）。

　利益以外も追求する企業は，利益を犠牲にするだけではなく，個人財産までつぎ込んで，高品質を実現しようとする傾向すらある。利益最大型企業の多くにとって，高級（ラグジュアリー）階層は儲かる市場ではなく，中級（プレミアム）階層以下に転ずることになるのである（Thornton, 2013, p.189）。

　さらに，量的には少なくなり，際立った差別化が求められる高級酒市場では，消費者ニーズが品質よりも顕示や美的価値観に移る。ここでは低価格は意味を持たない。したがって，規模の経済とは関係が少なくなる。またある程度の品質は前提ではあるが，品質だけでは高級酒とはなり難い。別な魅力が必要となる。すると，美術品を企業が製造することが難しいように，感性に優れた人材を擁する小企業が有利な側面が出てくる。

　また，コストの面から考えても同じ結論となる。良い酒を造るためには，コストをかける必要がある。利益を計算する必要がある企業では一定以上のコストをかけることはできない。しかし，利益の追求を目的とせず，趣味的に良い酒を造ったり，家族との共同作業を目的としたりするような家業的ケースでは，利益を目的とする企業に比べてコストをかけることができる。

⑵　國酒企業構造の仮説

　第4章の分析から，日本の酒類市場も大衆酒単一市場から，中級酒を含んだ階層市場に分化しつつある可能性が指摘された。

　従来のような大衆酒単一市場であれば，規模の経済を追求することが合理的である。しかし，市場が分断されると，それぞれの階層に応じた企業のタイプが存在しうる。

　ソーントン（Thornton, 2013）の研究を援用すると，ボリュームゾーンである大衆酒市場は規模の経済が働くことから，大手企業が有利である。他方，高級市場は利益以外の目的を追求するタイプの，家業的な小企業が適する。中級酒市場は，その中間的な存在となる。

　國酒産業はワイン産業と異なる面もある。まだワインのような高級酒市場は確立されていない。農業との関係も異なる。ワイン産業は自ら農園を有するケースが多い。また，海外の農業生産性は日本よりも高い。それは特に輸入が制限され，かつ，高価格を支持してきた米において顕著である。

　すなわち，高価な米を原料として，精米して利用する日本酒産業は，原料代である変動費が固定費に比べて相対的に高くなることから，規模の経済が働きにくい。それは，高価な酒米を多用する中級酒以上の分野で顕著である。一方，甘藷のように海外と大差ないコストで原料を利用できる単式蒸留焼酎では日本酒に比べ規模の経済が働く。

　以上から次のような仮説が導かれる。①市場が階層化しつつあり従前より規模の経済が働き難い。②原料コストが高い酒米を多用する日本酒の中級酒以上は特に規模の経済が働き難い。③日本酒よりも原料コストが低い単式蒸留焼酎の規模の経済は日本酒より大きい。

第2節　國酒企業の実証分析

⑴　企業規模・機械化と付加価値の関係

　ここでは，日本酒及び単式蒸留焼酎産業における規模・機械化と付加価値の関係を計測することによって，企業規模と競争優位の関係を考察し，前節の仮説を検証する。両産業では企業規模が大きいほど機械化されている。機械化に関し付加価値が一定又は逓増していれば，企業規模が大きいほど付加価値増が大きくなり，競争力がある。一方，規模や機械化に関し逓減しているのであれば，屈曲点の利潤が最も大きく競争力がある（松谷，2010，pp.172-173）。

　まず，グラフによって視覚的に分析する。日本酒と単式蒸留焼酎[15]について，横軸に一人当たり有形固定資産額を，縦軸に一人当たり付加価値額をとっ

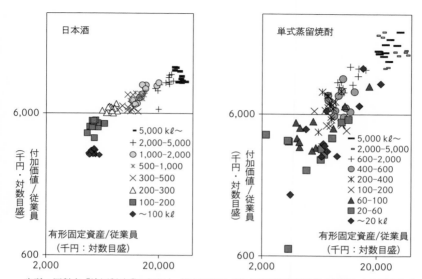

出所：国税庁「清酒製造業の概況」，熊本国税局「単式蒸留焼酎製造業の概要」より筆者作成。

図 5-27　日本酒・単式蒸留焼酎：製成数量と機械化及び付加価値の関係（2005～2015 年度）

た対数グラフを作成した（図 5-27）。両者を比べ，右上の領域が多い産業の方が規模の経済が大きい（機械化に対する付加価値増が大きい）と判断される。さて，日本酒はグラフの右上が空白であるのに対し，単式蒸留焼酎には当該領域に大手企業が存在している。また，日本酒が中央から傾きが少なくなるのに対し，単式蒸留では概ね一定にみえる。ここから，単式蒸留焼酎の規模の経済が相対的に大きいことが視覚的に把握できる。

　次に，両産業を中小零細と中堅大手に分けて，それぞれの機械化（一人当たり有形固定資産額）と付加価値（一人当たり付加価値額）の関係を計測した。計測はコブ・ダグラス型生産関数を変形した上で，下式のように対数を取り，最小二乗法で実施した。製成数量階層と時系列で構成されるデータに対するプール回帰である。

　計測期間は，プール回帰であることから，なるべく同じような状況にある長

15　本節では熊本，大分，宮崎，鹿児島の単式蒸留焼酎企業のデータを用いる。

期間をとりたい。焦点となるのは規模の経済である。日本酒は相当以前から規模の経済が減少しているとみられる。他方，単式蒸留焼酎は，2005年度までに大型設備投資を終え，製成数量は同年をピークに減少に転じている。したがって，2005年度以降は概ね同じ構造にあると判断されることから，計測期間は2005年度から最近期（2015年度）とした。また，有形固定資産には土地・建物を含む。但し，対象企業の殆どが江戸や明治に創業した老舗で，かつ地方圏の企業であり土地の所得価額が少ない。また，建物は衛生設備として重要である。したがって，有形固定資産をもって機械化の指標とする。

$$\ln(y_{it}/l_{it}) = \ln A + \alpha \ln(k_{it}/l_{it})$$

y_{it}：製成数量階層 i における t 期の付加価値額
k_{it}：製成数量階層 i における t 期の有形固定資産額（簿価ベース）
l_{it}：製成数量階層 i における t 期の従業者・従業員数
A：全要素生産性（定数項）
α：機械化の変化率に対する付加価値の変化率
製成数量階層・日本酒：中小零細4階層〜500kℓ/年〜中堅大手4階層
製成数量階層・単式蒸留焼酎：中小零細5階層〜400kℓ/年〜中堅大手4階層
計測期間：2005〜2015年度

　計測結果を表5-6に示す。日本酒では，企業規模が大きく機械化しているほど，付加価値の変化率が逓減している。これは規模が小さいことが，必ずしも競争優位にマイナスに影響しないことを示している。
　その要因としては，まず，米の原価が高く，変動費の割合が高いことが指摘できる。固定費の割合が低いと，規模の経済はその分小さくなる。日本酒の製造原価に占める米コストの割合は7割にのぼるとみられる（日本政策投資銀行，2013，p.26）。また，米の内外価格差は数倍から10倍（高級酒米等）に達するとみられる一方で，芋焼酎の原料である甘藷価格の内外価格差は少なく，単式蒸留焼酎における原材料費の割合は，日本酒に比べると低いとみられる（第3章）。
　単式蒸留焼酎では，機械化に関し概ね一定であった。これらの係数は統計的

表 5-6　機械化と付加価値の関係

		中小零細	中堅大手
日本酒	機械化の変化率（1%）に対する付加価値の変化率（%）	0.758** (7.868)	0.389** (8.636)
	定数項	1.834* (2.152)	5.285** (11.899)
	自由度修正済決定係数	0.586	0.631
	観測数	44	44
単式蒸留焼酎	機械化の変化率（1%）に対する付加価値の変化率（%）	0.666** (5.445)	0.674** (10.314)
	定数項	2.586* (2.385)	2.876** (4.534)
	自由度修正済決定係数	0.347	0.710
	観測数	55	44

注：括弧内の数値は t 値。*および**は，それぞれ5%，1%で有意であることを示す。
出所：国税庁「清酒製造業の概況」，熊本国税局「単式蒸留焼酎製造業の概要」より筆者推計。

に優位である。ただし，ミクロデータでノイズ等が含まれているため，一部の決定係数は低くなっている。

(2)　レーティングと企業規模

　レーティングや格付け，コンテスト等による製品の評価は，ワインには多いが，日本酒には少ない。その中では，2016年の秋に，ワインの評論家であるロバート・パーカーのグループが実施したレーティングが最も大規模で詳細なものである。全国の純米吟醸酒・約800銘柄に関してレーティング行い，100点満点中90点以上の78銘柄を公表した。90点以上とはボルドーの高級ワインに相当する。

　図5-28に製成数量とレーティングの関係を示す。大手は2社のみであり，高い評価を受けたのは，ほとんどが中小の蔵元であった。規模別階層における受賞蔵数を，同階層における従事者数で除すると，従事者一人当たりのパーカーポイント取得率となるが，中小の蔵元ほど高い数値が得られた（表5-7）。

　レーティングはワインでは価格形成に重要な役割を果たしている。表5-8にボルドーワインと日本酒の価格形成に関する計測結果を示す。価格を被説明変

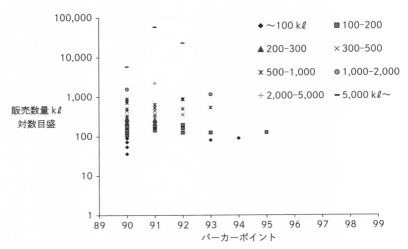

注：パーカーポイントを取得した 78 社中，販売数量が把握できた 61 社により筆者作成。
出所：日刊経済新聞社『酒類食品統計月報』2017 年 2 月号，プレジデント社『dancyu』
　　　2019 年 3 月号，SAKE RATINGS PROJECT（2017）のデータを基に筆者作成。

図 5-28　日本酒：販売数量とレーティング

表 5-7　日本酒：販売数量階層とパーカーポイント等（2014）

階層	階層社数計 （社）	従事者数 （人，階層計）	従事者一人当りパーカー ポイント取得率
～100 kℓ	919	7,768	0.08％
100～200	233	3,846	0.47％
200～300	93	2,229	0.40％
300～500	78	2,973	0.40％
500～1000	71	3,757	0.27％
1000～2000	27	1,517	0.13％
2000～5000	23	2,587	0.04％
5000 kℓ～	20	5,596	0.05％

注：パーカーポイントを取得した 78 社中，販売数量が把握できた 61 社により筆者作成。
出所：国税庁「清酒製造業の概況」平成 27 年度版，日刊経済新聞社『酒類食品統計月
　　　報』2017 年 2 月号，プレジデント社『dancyu』2019 年 3 月号，SAKE RATINGS
　　　PROJECT（2017）のデータを基に筆者作成。

表 5-8　日本酒とボルドーワインにおける価格形成要因の比較

	レーティングの変化率（1%）に対する価格の変化率（%）	精米歩合の変化率（1%）に対する価格の変化率（%）	定数項	自由度修正済決定係数	観測数
日本酒	5.555 (1.790)	− 1.359** (− 7.723)	− 11.817 (− 0.837)	0.465	78
ボルドーワイン	29.340** (6.217)	—	− 123.868** (− 5.794)	0.479	42

注：括弧内の数値は t 値。*および**は，それぞれ 5%，1%で有意であることを示す。
出所：SAKE RATINGS PROJECT（2017），日本酒各社ホームページ（2016 年 9 月 10 日閲覧），ワインと手土産「ボルドー格付け 61 シャトー一覧」，「Wine-Searcher」より筆者推計。ボルドーワインのレーティングは 2014 年のもの。両酒類ともに現地価格。

数に，レーティング（パーカーポイントの 90 点以上を対象）と精米歩合を説明変数とし，それぞれ対数を取った上で最小二乗法により推計した。ボルドーワインの価格はレーティングと関連性が強い。一方，同じランクにレーティングされた日本酒は精米歩合と関連性が強い。精米歩合はコストの目安であるが，必ずしも品質を反映しない。それは雑味を減らすことよりも風味を重視し始めた最近の日本酒において顕著である。

　レーティングは評価者の好みに依存するという批判もあるが，精米歩合よりは品質に近い。しかも，批評家の直観に依存するという意味において，科学よりも物語に近い。ボルドーワインは物語を上手く活かし，高い付加価値を獲得している。

　なお，日本酒は国内と海外では価格差が大きい。関税等の国境措置もあるが，流通マージンの影響が大きいとみられる。Wine-Searcher により，内外の価格差をみると 2～3 倍に及ぶ（獺祭磨き三割九分：米国/日本，2.01 倍。七田純米：米国/日本，3.11 倍，香港/日本，2.08 倍，https://www.wine-searcher.com/，2019 年 6 月 20 日閲覧調査）。また，価格差の理由の 1 つは，パーカーポイント等の評価に比べると，日本酒が割安にみえることもある（図 5-29）。ワインのように評価に基づく価格に収れんすると考える方が論理的には正しい。したがって，国内からみると割高に感じる国際価格に収れんする方向性に合理性があるといえる。

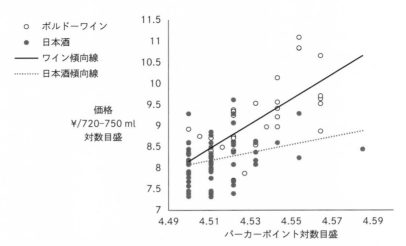

出所：SAKE RATINGS PROJECT（2017），日本酒各社ホームページ（2016 年 9 月 10 日閲覧），ワインと手土産「ボルドー格付け 61 シャトー一覧」，「Wine-Searcher」より筆者作成。ボルドーワインのレーティングは 2014 年のもの[16]。両酒類ともに現地価格。

図 5-29　パーカーポイントと価格

⑶　酒類階層における企業集中の状況

　供給サイドにおける企業集中の指標としてハーフィンダール指数がある。ハーフィンダール指数とは，市場にある全ての企業の市場シェアの 2 乗の合計である。例えば，市場に 1 社しか存在しなければ 1 となる。2 社が 50％ずつシェアを持っている場合は，$0.5^2 + 0.5^2 = 0.5$ である。一般に等しい規模上位 N 社で構成される市場のハーフィンダール指数は 1/N である。この特性によりハーフィンダール指数の逆数は，同規模の企業の数に等しい。例えば，ハーフィンダール指数が 0.125 の市場は，8 つの同規模の企業によって構成されているとみなせる（Besanko, et al., 2000，邦訳 p.253）。

　公正取引委員会では，ハーフィンダール指数 0.18 超を高位寡占型，0.10 超 0.18 以下を低位寡占型，0.1 以下を競争型して産業の類型化を行っている（岩

16　高価な熟成ワインは 15 年以上経過したものとされる（https://mi-journey.jp/foodie/48732/, 2019 年 9 月 10 日最終閲覧）。

表5-9　階層化の指標

区分		ハーフィンダール指数	公正取引委員会基準判断
日本酒	パック酒（2018）	0.1176	低位寡占型（0.10〜0.18）
	特定名称酒（2018）	0.0103	競争型（〜0.10）
	日本酒全体（2018）	0.0360	競争型（〜0.10）
単式蒸留焼酎（2017）		0.0796	競争型（〜0.10）

注：ハーフィンダール指数：企業シェアの2乗の合計。逆数は市場を占める企業
　数のイメージ。
出所：日刊経済通信社（2018，2019）より筆者作成。

松，2013，p.181）。

　まず，日本酒の各酒類に関し，ハーフィンダール指数を算出した（表5-9）。
日本酒産業は，大衆酒，中級酒といった，市場の階層化や分断の過程にある（第
4章）。そこで，それぞれの酒類ごとにハーフィンダール指数の産出を試みた。
　パック酒は代表的な大衆酒である。パック酒は，普通酒の6割を占めている。
特定名称酒は中級酒に該当する。パック酒のハーフィンダール指数は，0.1176
であり，10社弱による低位寡占の状態にある。次に，特定名称酒のハーフィン
ダール指数は，0.0103と競争型（完全競争に近い）の状態にある。
　日本酒産業は，パック酒，特定名称酒といった，それぞれの酒類階層におい
て，企業の競争原理が異なっていることが，ハーフィンダール指数から判断さ
れる。パック酒は低位寡占競争にある。特定名称酒は完全競争に近い。そして
次章（第6章）で詳細は検討されるが，中級酒以上の競争原理は，品質等によ
る独占的競争（中級酒）と，ブランド化競争（高級酒）に分かれる。
　次に，単式蒸留焼酎であるが，日本酒のような市場階層化や分断はまだみら
れない。したがって業界全体でハーフィンダール指数を算定すると，0.0796で
あった。競争型の状態にあると判断される。

第3節　家業的小企業に関する考察

　日本酒産業は家業が多い産業である。家業は一般の企業に比べると優先順位

の項目が異なるケースが多い。一般の企業は利益が優先されるのに対し，家業では，利益よりむしろ，家業の存続や働き甲斐，ワークライフバランス，チームワーク，地域との関係性が優先されるケースが少なくない。これは，日本よりも利益を優先するとみられている米国においても，同じとされている。ソーントン（Thornton, 2013, pp.166–172, pp.186–189）は，米国のワイン企業を，利益追求型と，利益以外を追求する型に分けた。利益追求型の企業数は全体の数％ながら80〜90％の生産量を占めている。一方，利益以外を追求する型の企業の生産量シェアは低いものの，景観の良いブドウ畑の形成や，高品質ワインの追求など，利益以外の要素を重視することができるために，高級分野において高い競争力を有していると分析している。

ソーントン（Thornton, 2013）の分析は，そのまま日本酒産業に適用することができる。全体として量が重要であった過去は別として，質が重視されるようになった昨今では，同じ状況にあるとみられる。大きく異なると思われるのは，原料コストである。日本酒産業では，米価が高いことから，変動費のウエイトが高く，その分スケールメリットは少なくなる。

利益追求分野における有力な事業体は，各県内の最大手である。近年伸長している特定名称酒は，かつての普通酒に比べると原料コストが高く分，変動費が嵩み，スケールメリットは小さくなる。したがって，高度成長期の普通酒のように，灘伏見等への局所的な集中は起こりづらい。

一方，家業は，利益以外の価値である，個性やこだわり，地域性など，各々の価値観を製品に反映させることができる。これらの要素はいままで日本酒産業では重視されてこなかったが，今後は重要な構成要素となる。

利益以外を重視するタイプは今後ますます重要となる。日本酒が高度化した背景には，需要の変化だけではなく，企業形態の変化がある。日本酒は，高度成長期には，原料コストを抑え，機械化，大型化し，大量生産を行った。しかし，高度成長以降，消費量が減少したため，少しずつ量から質へ転じたが，その過程で，杜氏を雇うケースが少なくなり，家業に近い蔵元が増えた。

家業とは，利益も追求するが，それ以外の価値を追求することが可能な事業形態である。究極的には家族のみが従業員となる。この場合，酒造りの目的は，家族の調和や，家の存続，採算よりも品質にこだわる等々，趣味的な価値

観を含有することが可能となる。所得と支出の境界があいまいとなるともいえる。

　例えば，通常は所得から趣味等の支出をする。利益追求型の場合は，その分を織り込んだ給与を支出する必要があるし，収益的な反映が明らかではないこだわりは背任行為となりかねない。一方，家業はそのあたりがあいまいである。趣味を兼ねた酒造りは，趣味の支出（＝所得）が不要となるのみならず，かかる経費は課税から控除しうる。

　したがって，家業はコスト競争力に優れる。設備投資に難があるが，特定名称酒は手造りに近い形で生産する場合も多く，その場合は問題が少ない。日本酒の工程には科学的に完全には解明されてない点も残っている。その領域の機械化が難しいので，最高の酒を造ったり，イノベーションを追求したりするためには，手造りの方が有利な面がある。

　日本酒産業は小規模な家業的企業の割合が高いだけでなく，その割合が増えてきている。図5-30に全国の日本酒産業における従業者3人以下の小規模家業の割合を示す。小規模家業数は2000年にかけて急増した。2000年以降はその数は安定したが，産業全体に占める小規模家業の構成比は増え続けている。日本酒の蔵元は減り続けているが，小規模家業よりも，少し大きな規模の蔵元が

出所：経済産業省「工業統計」，『国税庁統計年報書』より筆者推計。工業統計は3人以下
　　の事業所が対象外である。総企業数は免許場数とみなした。

図 5-30　日本酒：小規模家業（従業者3人以下，除パート）

減っていると考えられる。

　小規模家業の増加は，家族以外の従業者，例えば杜氏を減らして，蔵元杜氏による生産にシフトしていることを示している。このような企業形態のシフトは，若手への事業承継と同時に行われることが多く，それは，日本酒産業の量から質への転換や，数々のイノベーション（＝銘酒）を産んだ。他の産業と異なり，趣味と一体化することが可能な日本酒産業では，規模の小ささが，特定名称分野におけるコトづくりやイノベーション，コスト競争の面で，有利に働く面も少なくないのである。それは欧米のワイン産業にも共通してみられるものだ。

　ソーントン（Thornton, 2013）が研究の対象とした米国とは異なる面としては参入基準もある。米国の小企業にはスタートアップの側面がある。参入に制限がないためだ。他方，日本酒においては，需給調整の観点から新規に製造免許が下りない。

　日本酒における小規模家業の増加は，スリム化を余儀なくされて再スタートを切る第二創業系と，休業に追い込まれているケースの増加によるものである。

　なお，M&A等による新規参入は可能である。例えば，新潟の天領盃酒造㈱は，20代の証券マンが金融機関から資金を調達し，M&Aによって社長に就任している。1年目から黒字化を果たすなど，業績は順調である（日本醸造協会，2019）。

　また，日本酒に香料となるボタニカルを添加すると，その他醸造酒となる。そして，その他醸造酒であれば，新規免許が取得可能である。東京の㈱WAKAZEは，この方法で2年前に新規参入している。フランスにおける海外生産拠点の建設に着手するなど，急速に業容を拡大している（日本醸造協会，2019）。

第6章

國酒の成長戦略

　本章では，ここまで検討してきた，消費構造（第4章）と企業構造（第5章）を対比させ，浮かび上がる課題と対応戦略を検討する。

第1節　國酒の消費構造と企業構造の対応

　國酒の消費構造は第4章で検討してきたように，大衆酒単一市場から，中級酒市場を含有した階層構造に変化している。また，現時点の高級市場はワインのような存在感ではないが，高級ワインと同等に評価される製品が登場し始めている状況を鑑みれば，ワインのような3層構造が生じつつあるとみることができよう。

　そして，階層化された市場構造に対応する企業構造はワインと同じと考えることが妥当である。風味こそ異なるものの，同じ酒類で嗜好品である等，財としての性格は似ているし，高級品になればなるほど製造に手間を要する点も共通する。

　したがって，國酒においても，大衆酒には利益最大化型の大手企業が，中級酒は同大手企業と，利益以外も追求する企業の双方が存在しうる。高級酒は利益以外も追求する企業が優勢となるだろう。利益以外も追求する企業は，日本では家業と呼ばれる小企業に多いとみられる。

　但し，日本酒では農業の低生産性を背景とした高米価によって変動費（限界費用）が高く，純米酒では規模の経済が限定的である。規模の経済が成立するのは，大幅なアルコール添加が可能な普通酒に限られよう。ところが，成熟した消費者から普通酒は敬遠されており，消費量は減少傾向にある。日本酒の大衆階層は，普通酒を生産する大手の寡占状態にあるが，当該市場は衰退の一途

である。

　一方，単式蒸留焼酎の原料である芋価格は低廉である。したがって，芋焼酎では規模の経済が大きい。単式蒸留焼酎では，日本酒の普通酒のようにアルコールを大幅に添加するようなことはなく，成熟した消費者にも支持され，2000年代の半ばまで生産量は増え続けた。

　中級酒は品質等による差別化競争（独占的競争）となる。日本酒では，特定名称酒以上が該当する。アルコール添加量は少なくなり，米の使用量が増える。高米価によって変動費（限界費用）は高く，規模の経済は少ない。もっとも，コストとのバランスも重視されることから，手造りというよりは，最新の科学技術を応用した高品質化とコスト効率化の両立戦略が導かれる。

　中級酒の上位層と高級酒階層は利益以外も追求するタイプの企業が支配的となる。日本では家業と呼ばれることが多い。この階層では，高品質に加えて，ブランド戦略が求められる。

　ブランドの経済学的解釈としては，例えば，希少性（スノッブ効果），流行（バンドワゴン効果），顕示（ヴェブレン効果）等による需要曲線の右シフトがある。これらは，ライベンシュタイン（Leibenstein, 1950）によって，消費者の外部効果として整理されたものである（板倉，2011）。近年では，以上の社会的な影響に加えて，個人の感覚や品質へのこだわりを加え，5つの要素によってブランド価値が解釈されている（Vigneron & Johnson, 1999）。

第2節　大衆酒市場：寡占戦略・量への投資

　大衆酒市場は，規模の経済による寡占戦略が有効である。

　規模の経済とは，ある程度の生産規模で，生産量が増えるに従って平均費用（生産量当たりの費用）が下がるとき，その商品の生産プロセスには規模の経済があるという。生産量が増えるにつれ平均費用が下がるなら，限界費用（生産量を1単位増やした場合の増加費用）は平均費用よりも小さいはずである。平均費用の減少は，生産量の増加により固定費が分散されるからだ。固定費は生産量のいかんによらず支出されるためである（Besanko, et al., 2000, 邦訳 p.78）。

　より細かくみると，規模の経済には次の4つの発生要因がある。①固定費の非分割性と拡散，②変動投入物の生産性の向上，③在庫，④2乗3乗の法則（容量の増加ほど表面積は増加しない），である（Besanko, et al., 2000，邦訳pp.81-82,88）。

　まず，日本酒から述べる。日本酒において規模の経済を追求する障害は米価である。米価が十分に下がり，アルコール添加をした普通酒と同程度の原料費となれば，規模の経済は成立する。一方，アルコール添加をした普通酒は規模の経済はあっても，現代の消費者はその品質を受け入れない。

　したがって，日本酒の大衆酒分野において規模の経済を発揮する障害は，日本酒企業の問題というよりは，農業の問題であるといえる。

　農業の変化は時間の問題でもある。後継者が不足しており，高齢者が退出すれば，農地の集約はおのずと進む。あるいは，外圧によって関税が急速に下がることもありうる。第3章で検討した通り，零細にみえる農家のコスト競争力は意外に強い。国際競争にさらされれば，米価は急速に下がることも十分に考えられる。

　但し，当面は難しい。日本酒の大衆酒市場は，米農業の低生産性を原因として，しばらくは縮小せざるを得ないだろう。

　次に単式蒸留焼酎であるが，日本酒に比べると諸原料は安価である。規模の経済が存在する。前章で検討したように，日本酒のパック酒が低い寡占状態（ハーフィンダール指数：0.1196）にあるのに対し，単式蒸留焼酎は公正取引委員会の基準では依然として競争型の段階（ハーフィンダール指数：0.0969）にあり，依然として規模の経済を追求する余地がある。

　したがって，今後とも，量的に拡大する設備投資によって，効率化や生産性の向上が可能である。今後は，大手による寡占構造が今までよりも進む可能性が強い。

第3節　中級酒市場：独占的競争戦略・質への投資

　中級酒市場は，品質の差別化による独占的競争戦略が有効である。独占的競

争とは，差別化によって短期間でも独占に近い利潤を得るような競争状態のことである。例えば，差別化された財は短期的には独占に近い価格をつけることが可能となる。しかし，時間の経過とともに，ライバルが類似品を提供することによって，独占的な利潤は低下し競争状態に戻る。独占の程度は差別化の程度による。高度に差別化され，模倣が困難な場合には，独占状態が相対的に長く続き，後述するブランド化に近づく。

⑴　日本酒

　まず，日本酒の中級酒市場から述べる。階層としては，概ね精米歩合によりスペックを規定した特定名称酒が該当する。純米（大）吟醸酒といえども，品質は相対的に高いが模倣が容易であることから中級酒と定義する。高級酒には，一定以上の品質が前提となるが，スペックよりむしろ模倣が困難な意味や物語が必要となると考えられるためである。

　このような定義に基づく中級酒（特定名称酒）では，これまで好調であった純米吟醸のカテゴリーもやや停滞の様相をみせつつある。それは，差別化競争が常に必要な中級酒のカテゴリーにおいて，同競争が停滞し始めたサインとみられる。

　日本酒の品質改善は，雑味の排除を主としてきた。例えばアミノ酸の排除である。国税庁（2019）の「全国市販酒類調査結果：平成29年度調査分」によれば，10年前に比べて純米酒のアミノ酸度は12％減少している。しかし，これには，各社の酒類が同じような風味となる同質化の側面がある。

　同質化の回避は難しい面がある。日本酒であれば，これまでは，米をより磨き，アルコール添加を減らすことが高品質とされてきた。特定名称酒の階層を上がっていくイメージである。しかし，その多くが純米吟醸酒となるなかで，同一階層の中における品質差の実現が求められるようになってきている。

　そのためには，風味の形成プロセスを見直すなどして，より良い風味と品質を実現しなければならない。しかし，これはそう簡単なことではない。日本酒の風味は先述の通り，少なくとも8種類の混合である。しかも，その最適バランスは不明である。高い品質を実現するためには，数多い試行錯誤が求められよう。

表6-10　旭酒造㈱業績推移

年度	売上高（百万円）	経常利益（百万円）	経常利益/売上高	備考
2013	3,706	492	13.3%	
2014	4,599	1,190	25.9%	
2015	6,537	2,119	32.4%	新工場稼働
2016	10,803	4,167	38.6%	
2017	11,960	4,115	34.4%	
2018	13,849	4,935	35.6%	

出所：旭酒造㈱「会社概要」。

　また，このような分析的・科学的アプローチには再現性がある。したがって，いずれはキャッチアップされ同質化せざるを得ない。これは，科学的なイノベーションによる独占的競争の宿命である。

　但し，右田（2014，pp.103-105）が指摘するように，日本酒の産業規制や保護政策からイノベーションの進展は他の業界に比べると早くはない。例えば，特定名称でも純米吟醸に特化し，高い利益率を実現，継続している企業がある。山口の旭酒造㈱である。旭酒造㈱の2018年9月期の経常利益率は売上比35.6%に達する（売上高13,849百万円，経常利益4,935百万円，旭酒造㈱資料，表6-10）。旭酒造㈱は，3割を超える経常利益率を4期連続で達成している。

　旭酒造㈱の業績が示すのは，同社が独占的競争の初期状態にあり続けていることである。また，新工場稼働後に利益水準が高くなっており，新鋭設備による生産性向上の恩恵が大きいことも示されている。

　大衆酒は量的投資による寡占戦略が有効であるのに対し，独占的競争となる中級酒では量ではなく質を重視する設備投資によって，品質と生産性の両立を図る方向性が有望である。

　そのような観点における有力な事業体は，例えば，各県ともに県内の最大手である。普通酒に比べると原料コストが高い分，変動費がかさみ，スケールメリットは小さくなる。したがって，高度成長期のように，灘伏見等への局所的な集中は起こりづらい。多極分散型となる。各県の最大手が新鋭設備によって中級酒分野を牽引することが期待されよう。

　なお，中級酒分野では，単式蒸留焼酎の白麹を日本酒に活用したり[17]，シャ

ンパンのように発泡性を持たせたりすることによって[18]，差別化を図る動きも多くなっている。さらに，発酵中に柚子や檸檬，山椒，生姜といった副原料（ボタニカル）を追加することによって，独特の風味を持たせる試みも始まっている（酒税法上は清酒ではなく，その他醸造酒となる）[19]。

(2)　ワインと日本酒の比較

　日本酒と比較されることが多いワインの中級酒（プレミアムクラス）における差別化戦略をみてみよう。ワインにおいても，中級酒は独占的競争にあると定義される。他方，大衆酒は規模の経済，高級酒は模倣が困難なブランド化と定義される。

　ワインの中級酒の典型は，新世界（米国，豪州，チリ等）のプレミアムワインである。新世界では旧世界であるフランス等との差別化を図るために，特定のブドウ品種に特化し，それを表示する戦略を取った。旧世界が立地そのものをテロワールとして差別化の源泉とするのに対抗したのである。

　特定のブドウ品種への特化は，ブドウ品種を意味するセパージュ（cépage：フランス語），又はヴァライタル（varital：英語）と呼ばれる。

　中級酒の差別化戦略におけるワインと日本酒の比較を図6–31に示す。ワインの特性はブドウの特性に依存していると考えられる。そして，ブドウの品種や品質が同じか優れていれば，他所のワイン以上であると考えることができる。ブドウは当地原産にはこだわらない。例えば欧州種であるピノ・ノアールを，新世界等の欧州外で用いる。人為的/科学的にブドウを選び，適切に育てることによって，旧世界よりも優れたワインを造ることができるとしたのである。

　現在の日本酒，特に特定名称酒は，ほぼ同じ考え方に立脚している。ブドウの影響が大きいワインに比べると，日本酒の場合には，米と精米，水，微生物と，特性を規定する要素が多い。しかし，それらを人為的/科学的に制御するという考え方は，セパージュ/ヴァライタルと共通している。これは，伝統よ

17　新政酒造㈱「亜麻猫」など。
18　宮坂醸造㈱「真澄スパークリング」など。
19　㈱ WAKAZE。

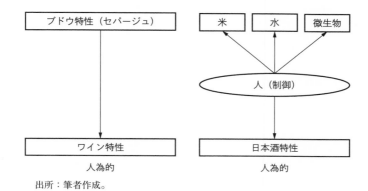

出所：筆者作成。

図6-31　中級酒の差別化戦略：ワインと日本酒の比較

りむしろ科学を重視する考え方と整理される。

　日本酒では好調な輸出をさらに促進することが期待されている。そして，ワインの観点に合わせるために，地域の米にこだわったテロワールを強調する向きもある。それは高級酒におけるブランド化には重要な観点であり，次節で分析を加える。

　しかし中級酒の分野は，模倣される可能性を内在した独占的競争である。それは，ワインでいえばセパージュ/ヴァライタルに相当する。したがって，例えば特定名称酒では，人為的/科学的という意味においてセパージュ/ヴァライタルと同じ考えに立脚していることを訴求することが，海外の消費者の理解促進に効果的とみられる。また，ブドウ品種の開示と同じように，米の品種や水の硬度，微生物の種類等を開示することも有効とみられる。

(3)　単式蒸留焼酎

　単式蒸留焼酎には，泡盛の古酒を例外として，中級酒以上の製品分野が存在しない。したがって，まず古酒への注力が期待される。しかし，それには当然ながら時間がかかる。しかも泡盛を例外として，古酒の経験が少なく，どのような酒質が実現されるのか，不確実性が大きい。

　もう1つの希望は，例えば芋焼酎においては，原料の風味が米よりも多いことである。科学的な解明も進んでおり，新しい香りづけによる，差別化された

製品分野を造ることができる。

　具体的には，香りの工夫である。第 3 章で先述したように，芋焼酎とマスカットワインとは，果実系の香りに共通点がある。芋焼酎を特徴づける香りの原因成分は MTA（モノテルペンアルコール）である。その香り成分 MTA には，マスカットに似たリナロール，オレンジのようなゲラニオール，ライチ香のシトロネロールがある。

　最近の芋焼酎は，香り成分を一律に削減し，芋臭さを消している。これによって広く普及をみたが，差別化できる要素もなくなり，中高級分野を欠き停滞している（佐藤淳，2018a，p.241）。

　マスカットワインでは，リナロールが突出していることが示すように，MTA を取捨選択できれば柑橘系の香りとなる。最近開発された「安田」は，香りの取捨選択に成功し，ライチ香のシトロネロールを特徴的に含み，ライチ香の芋焼酎を実現した。これは MTA を多く含む百年前の芋を再現，熟成して利用することによって可能となった（佐藤淳，2018a，p.243）。

　芋焼酎は，特徴を薄め，同質化してきた。「安田」のように現代でも受け入れられる特徴を，伝統的な芋やその加工法を見直すことによって実現することを，南九州各地で進めることが期待される。

　日本政策投資銀行のレポートによると，ライチの香りが立つ芋焼酎「安田」の誕生は，以下の経緯である（日本政策投資銀行，2017，pp.13-14）。

　2012 年 10 月に，地元の農家が復活させた 100 年前の芋（蔓無源氏）を，初めて芋麹で仕込み（米麹製品は製造していた），最初は 10 月の仕込みだけでやめるつもりだったが，12 月に生産農家からまだ原料芋があるとの連絡を受け，それは寒いところに放置していたため，やや傷んでいたが（≒熟成していた），折角の機会であり，蔓無源氏は，余所にはないので，それを仕込んだところ，刺激臭が強い焼酎となった。しかし，その焼酎は，夏場にはライチ臭に変化した。要するに偶然である。

　2 年目（2013 年）はきれいな芋で仕込んだところ，特徴に乏しい焼酎となったので，3 年目（2014 年）は原料芋の熟成にトライした。初年の条件を人工的に作るために，原料芋の一部を 2 週間おいて熟成した結果，2 年目より個性が出た。

　4年目（2015年）は，熟成の割合を増やし，5年目（2016年）には専用の貯蔵庫をつくり，2〜3週間そこで原料芋を熟成させるなど，徐々に熟成環境を整えた。また芋をまるごと芋麹として利用している。

　どうやら甘い芋（蔓無源氏）を熟成させ，丸ごとの芋麹で醸したら，ライチの香りとなったようである。これは，香り成分の元となるMTAをなるべく多くするようにして，最新の洗練された技術で仕込んだら，ライチの香りとなったと考えることができる。

　不思議なことに，原料等の条件は，昔に近い可能性がある。かつての芋焼酎は2〜3月まで仕込むことも多かった。恐らく熟成が進み，糖度が増していたとみられる。またかつては皮やヘタなどMTAが多い部分も活用していた可能性が高い。その結果として，豊富な香りを有していたと思われる。しかし，当時の香りは，あまり整理がついていなかった可能性が高い。

　雑味となる部分を丁寧に取り除きつつ，MTAが多くなるような工夫をすれば，有用な香りだけを醸せる可能性がある。新しい芋焼酎である「安田」などが示しているのは，そのような方向性である。これは，香りに特徴を持たせる方向性を現実のものにしたものだ。原料芋の特徴を素晴らしい香りとして表現できるまでに，焼酎の製造技術が進歩してきたことを示すものだ。

　さて黄金千貫は香り成分が少ないことから普及が進んだ。香りを活用するようになると，黄金千貫ではなく，香り成分に富んだ芋が利用される可能性が出てくる。すると，その土地に適した芋や蔓無源氏のような，かつての芋が見直されるだろう。これはフランスワインのテロワールのように，土地の個性を反映した農産物によって差別化する流れに発展する可能性を有している。

　単式蒸留焼酎は，中級分野の開拓に向けたチャレンジがみられる段階にある。

第4節　高級酒市場：伝統の現代化と地域の有意味化

　高級品はブランド戦略が必要である。この領域は國酒全般として未開拓に近い。但し，理論的に分析すると対応することが十分に可能で，期待できる領域である。

⑴　高級ブランドに関する理論的整理

　高級酒階層は利益以外も追求するタイプの小規模企業が支配的となる。日本では家業と呼ばれることが多い。この階層では高品質に加えて，ブランド戦略が求められる。なお，単式蒸留焼酎には高級酒階層が現存しないことから，日本酒を中心に記述するが，分析の視点や戦略は基本的には同じとなる。

　ブランド戦略は，差別化による独占的競争戦略の発展形である。模倣し難い高度な差別化によって，独占状態を長期間継続することが目標となる。

　そのようなブランド品を望む消費者の意識に関しては，先行研究が積み重ねられている。ブランド消費に対する先行研究としては，まずヴェブレン（Veblen, 1899）の顕示的消費がある。これは，周囲からの羨望を意識して行う消費行動である。ライベンシュタイン（Leibenstein, 1950）は，顕示的消費に，希少性（Snob）と流行（Bandwagon）を加え，消費者の外部効果として整理した（板倉, 2011）。近年では，ヴィネロンら（Vigneron & Johnson, 1999）が，外部効果である上記3つの社会的な影響に，個人の内面にある感覚や品質へのこだわりを加え，5つの要素によってブランド価値を解釈するフレームワークを提示した。ブランドに対する5つの消費者行動を，自意識（内面⇔外面）と，価格（高い⇔低い）によって4象限に整理したものである（図6-32）。

　ヴィネロンら（Vigneron & Johnson, 1999）のフレームワークによれば，顕示や希少性の影響が強い場合，価格が上がるほどブランド価値が上昇することになる。但し，ヴィネロンら（Vigneron & Johnson, 1999, p.9）は，消費者は5つのうちの1つに分類されるのではなく，2つ以上の属性を有するとしている。

　希少性や，流行，顕示は，製品やサービス自体以外の要因として，消費者の満足度に影響を与える。それぞれのマーケティング応用例としては，例えば希少性は限定品の設定，流行（周囲につられる）では市場シェアや口コミの公開，顕示では高価格の設定である。

　ライベンシュタイン（Leibenstein, 1950）の研究の影響は，ワインの先行研究（Thornton, 2013）にもみられる。そこでは，ワインにおける希少性（Snob）とヴェブレン効果（conspicuous）が論じられている。ソーントン（Thornton, 2013, pp.219-220）は，希少性やヴェブレン効果の影響が強いと，

出所：Vigneron, F. & Johnson, L.（1999, p.4）.

図 6-32　ブランドに対する消費者行動の 5 類型

ワイン価格が上がるほど，需要が増えると述べている。

　ヴィネロンら（Vigneron & Johnson, 1999）は，消費者の内面意識である感覚への対応として，例えば BMW がスローガンを「駆け抜ける喜び（Sheer Driving Pleasure）」としているケースを紹介している（Vigneron & Johnson, 1999, p.8）。また，感覚である快適さと品質であるスピードを両立している高級車や，品質である正確さが評価されている高級時計などが，消費者の内面意識によるブランド例であると述べている（Vigneron & Johnson, 1999, p.9）。

　さて，ヴィネロンらが整理した5つの要素は，消費者からみた商品等の意味とも解釈される。原田保（2008, p.22）は，顧客との相互プロセスとして解釈された意味をブランドエッセンスとしている。阿久津・石田（2002, pp.282-283）は，顧客の知識ベースに，企業が持っている豊かなブランド知識をコンテクストによって繋ぐことができれば，企業と顧客の間で深い意味が共有される。コンテクストによって，組織文化が顧客と繋がり，それが顧客にとって価値のあるユニークなポジションをブランドに与え，競争優位の源泉になると述べている。

　コンテクストによって，組織文化と顧客を繋げるということは，組織文化を物語化することや，意味を与えることといえる。このような組織の有意味化

は，センスメーキング理論として知られる。組織心理学者のワイク（Weick）を中心に発展してきた。ワイクはセンスメーキングとは文字通り意味（sense）の形成（making）を表現していると述べている（Weick, 1995，邦訳 p.5）。高橋（高橋伸夫 HP）はワイクのいうセンスメーキングとは，組織や環境を意味ある世界に変えていくことであるとしている。

　ヴィネロンら（Vigneron & Johnson, 1999）は，消費（需要）の観点からブランド価値には5つの意味があることを整理した。また原田保や阿久津らは，消費者と企業との意味共有の重要性を指摘した。そして，ワイクのセンスメーキング理論は，供給者側の意味に関する理論的根拠となる。

⑵　組織文化や地域の有意味化

　例えば入山（2017）は，秋田の新政酒造㈱にセンスメーキング理論を見出し，次のように述べている。経営学では，事業を行ううえで最も重要なことの1つは，経営者の掲げる「ビジョン」である。その重要さを説明するのに，センスメーキング理論がある。センスメーキングとは「腹落ち」のことで，リーダーはフォロワーに腹落ちするストーリーを語る必要がある。しかし，創業者ではない経営者がビジョンを掲げても，なかなか周囲に腹落ち感を与えられない（入山，2017）。

　重要なのは，「創業者・中興の祖の掲げていたビジョンへの原点回帰」である。多くの歴史ある企業では，創業者や中興の祖の掲げたビジョンが，歴史とともに風化してしまっていることが多い。しかし，それは「そもそもこの会社は何のためにあるのか」という会社の DNA そのものであり，それを咀嚼して現代風に蘇らせれば，周囲に「腹落ち感」を与え，組織やステーク・ホルダーからの求心力が高まる（入山，2017）。

　6号酵母は格好であった。「自社蔵で誕生した6号酵母を使用し，地産地消で秋田産米のみを使い，添加物を一切使わず，手間暇がかかる昔ながらの製法で造った純米酒」というビジョンに，多くの人が腹落ちし，共感が高まった（入山，2017）。

　さらに新政酒造㈱は，この「添加物を使わない」「地産地消」「なるべく自然に」というビジョンをベースに画期的な改革を進める。例えば，仕込みタンク

を，杉の木桶に切り替え始めた。また，秋田市中心部から東へ20キロメートルほどのところにある「鵜養（うやしない）」地区で，無農薬栽培で酒米作りを行っている（入山，2017）。

　これは有意味化による物語構築に相当する。ワイク（Weick, 1995, 邦訳p.5）は，有意味化と物語構築との類似性を指摘し，センスメーキングに必要なのは優れた物語であると述べている。よい物語を生み出すことができれば，センスメーキングにもっともらしいフレームを提供することができる。物語とは，主題によって結びつけられ，時間に関連づけられた事象の連鎖のシンボリックな表現である。物語ることの本質はその連鎖化にある（Weick, 1995, 邦訳p.173）。このようなワイクの指摘は，ブランド実務において連想されたキーワードを結びつけ，その間の関係性を読み取ることが重要とする阿久津・石田（2002, p.28）の指摘と重なる。

　また，ワイク（Weick, 1995, 邦訳p.148）は特に伝統を踏まえた物語を重視する。センスメーキングの実質は最小限3つの要素からなる。フレーム（ボキャブラリーの中で抽象度の高い言葉），手掛かり（ボキャブラリーの中で抽象度の低い言葉），連結であると述べたうえで，伝統に言及する。

　ボキャブラリーの中では伝統とその物語が注目される。伝統は先人のボキャブラリーである。ある種のイメージや目的や確信は，伝統として伝えることができる。しかし，すぐ消え去る行為を伝えることはできない。伝統の妙味は，行為がシンボルとなるときにのみ持続し伝達される。伝えるということがこれほどまでに複雑な理由は，何が残されるのかを決めるのが，行為を写し取るのに用いられるイメージの内容だからである。ノウハウのイメージ，レシピ，経験則等は，仕事について世代を超えた伝達を可能とするシンボリックなコード化を表したものである。行為について良質な物語を有している文化は，それを有していない文化よりも長く存続するだろう（Weick, 1995, 邦訳pp.167-169）。

　具体的な例も指摘される。企業が依然として伝統的で労働集約的な手仕上げという手法を用いている場合，現代的な生産技術に能率という点ではかなわないが，手仕上げへのこだわりを意図的な高品質戦略として解釈しなおすことができるとされる（Weick, 1995, 邦訳p.106）。

　これは，新政酒造㈱の取り組みに通ずる。先述のように，新政酒造㈱は，

ホーローの仕込みタンクを伝統的な杉の木桶に切り替えつつある。タンクのサイズが小さくなり，管理の手間が増えるので労働集約的である。

　しかし，木桶は，ホーローのタンクよりも雑菌の制御が難しい。そのため，木桶ではなくホーローのタンクが雑味の少ない良い酒をもたらすのが日本酒業界の常識である。新政酒造㈱の取り組みは，非常識的と受けとめられている。

　ところが，雑味を徹底的に排除すると，製品間の差別化が難しくなる。極端には水に近い同じような風味となり，同質化するのである。もし良い酒を，他社と差別化された酒と定義し直せば，ホーロータンクよりも木桶が有利との見方も成り立つ。

　このことは，ストーリー（物語）としての競争戦略を提唱している楠木（2010, pp.350-351）の次のような主張と合致する。

　「ストーリーの戦略論は，部分的には非合理に見える要素が，他の要素との相互作用を通じて，ストーリー全体での合理性に転化するという論理に注目しています。事前と事後のギャップではなくて，部分と全体の合理性のギャップに賢者の盲点を見出します。『A（施策）がB（結果）をもたらす』という近視眼的な因果関係が，その業界の通念として広く定着しているとしましょう。ストーリー全体の流れを見渡せば，『Bをもたらすのは，実はAよりもCである』という意識の外にあった変数がしばしば見出されるものです。もしくはストーリーの組み立てによっては，『Aであるほど実はBが阻害される』という逆説（パラドックス）が導かれる可能性もあります。こうして『視界の拡張』『視点の転換』，もっといえば『目から鱗』となるキラーパスを引き出すのがストーリーの戦略論の本領です。」

　楠木（2010, pp.350-351）の観点からは，新政酒造㈱の木桶活用は差別化やブランド化のキラーパスといえるだろう。同社は，木桶以外に無農薬栽培や蓋麹，生酛[20] など，業界が非効率的であるとして排除してきた伝統への回帰を

20　新政酒造㈱は，生酛において，桶やタンクの代わりにビニール袋を使うことによって閉鎖環境を実現し，雑菌を排除する方法を創造している。また，リスクが高い生酛に対し，データや分析装置といった科学的手法を活用することにより，リスクの低減を図っている。生酛の製造では雑菌を排除しつつ，木桶の段階では有効活用を図っていると考えることもできる。科学に基づき品質を安定させた上で，リスクが高い伝統手法により差別化を図っているとも整理される（2019年5月7日聞き取り調査による）。

行っている。このような広がりは，木桶というキラーパスの筋の良さを示していると楠木は指摘する（2010, p.474）。

　「ひとたび賢者の盲点を見つけることができたら，今度は逆の因果論理を考えることができます。つまり，賢者の盲点が障害となっているために解決されずに残されている問題が他にないかということを考えてみる。これが次々と出てくるようであれば，その賢者の盲点は相当に筋の良いストーリーを切り拓くポテンシャルを持った賢者の盲点であるといえます。盲点が『合理的』だと思われて長いこと維持されているだけに，そこから派生する問題がたくさん残されているはずなのです。」

　さらに，社会的コンテクストの重要性が指摘される。センスメーキングは個人レベルのものではなく，社会的プロセスである（Weick, 1995, 邦訳 pp.52-53）。社会的コンテクストはセンスメーキングにとって重要である（Weick, 1995, 邦訳 p.72）。

　例えば，日本ではドイツと異なり麦100％のビールの意味が分かる顧客は少なかった。しかし，ビールの副原料に問題があるとの情報が紹介されたことから，麦100％は副原料を使用していないとの意味に転じた。社会的なコンテクストが変わったことで，麦100％ビールのブランド・イメージが変わったのである（阿久津・石田，2002, pp.171-172）。

　商品に相当する内容と，消費者が求める意味の関係については，次のように述べられる。内容は重要な資源ではあるが，さらに重要なのはその内容の意味である。意味は，どの内容がどの内容とどのように結びつけられるかで変わってくる（Weick, 1995, 邦訳 p.177）。

　また有意味化は，事後的・回顧的に行われる（Weick, 1995, 邦訳 p.32）。有意味にみえる合理性というものは，行動を説明するのにもっともらしい歴史を事後的に作っては変える回顧的なものである（高橋，2012, p.168）。楠木（2010, p.429）もエンディングからストーリーを構築すべきとしている。

　センスメーキング（有意味化）の根本は，行為と確信のどちらか明確であるものを取り出し，それを明確でないものに結びつけることである（Weick, 1995, 邦訳 p.181）。例えば，新政酒造㈱は無添加（純米，生酛）という確信を，伝統回帰や自然との共生という行為に結びつけた（木桶，蓋麹，無農薬）。これ

は，後述するマイクロオーガニズム（微生物）テロワールともいうべき意味を
生みつつある。また，楠木（2010, p.474）がいうところの賢者の盲点にも該当
し，他社の既存製品とは全く異なった，高度に差別化された日本酒が生まれて
いる。

(3)　テロワール

　酒類産業において，社会的コンテクストのレベルで有意味化を果たしている
のは，フランスワインに代表されるテロワールという意味づけである。テロ
ワールとは，土地を意味するフランス語から派生した言葉であり，土壌等，原
料ブドウの生育環境が，ワインの品質に大きな影響を与えるという物語を示
す。監督機関の定義では，人間の共同体が，その歴史の過程で，物理環境と生
物環境の相互作用システムに基づき，生産の集団的知識を築き上げた限定され
た地理的空間であるとされる（INAO, 2009, 邦訳 p.27）。
　ワインは発酵工程が単純で，日本酒の麹や生酛のような科学的に未解明な部
分は少なく，醸造技術よりむしろ，ブドウの品質がワインの出来を左右する
（西野，2003）。そしてブドウの出来は，畑によって異なることが長い経験から
導き出されてきた。これがテロワールの物語である。著名なのはフランスの銘
醸地・ブルゴーニュのロマネコンティである。2 ha に満たないブドウ畑から醸
されるワインは，世界中で珍重されている（谷脇，2008）。
　ただし，テロワールには不明点も多い。テロワールの物語を構成する要素
は，畑の土壌や立地，気候や天候（日照や降水），施肥や収穫等である。畑に
よってブドウの味が異なることは，経験則としては明らかであるが，科学的に
解明されているとはいい難い（Goode, 2014, 邦訳 pp.31-72）。そこは日本酒に
おける生酛や麹に似ている。しかし，そのような複雑系の部分が物語化しやす
いともいえる。フランス高級ワインは，テロワールが重要であるという物語に
よって高い付加価値を獲得している。それは，テロワールは模倣が困難で一種
の独占価値を有しているためである。
　高級ワインのような物語の創出や意味づけは，これからの日本酒業界に求め
られる要素である。しかし，それは単なる原産地呼称（地理的表示）の真似で
は通用しないだろう。ブドウの特性が品質に大きな影響を与えるワインと異な

り，日本酒は米以外にも水や微生物が品質を規定する。

　果実を原料とするワインは原料の特性が直接反映される。他方，風味に乏しい穀物を利用する日本酒は，水や微生物の関与が大きい。特に影響が大きいのは，麹菌や酵母，乳酸菌といった微生物である。地域の米の利用や表示に加えて，水の硬度や地域微生物の利用や表示が求められる。特に，微生物をテロワールの要素としてクローズアップすることには合理性がある。

　もっとも，現在の日本酒造りでは，微生物は人工的にコントロールされることが多く，必ずしも地域の特性を反映したものではない。コントロールの目的は腐造の防止であり，雑味の削減であった。他地域産が多い酒米・山田錦を重用してきたのも，精米しやすく雑味が出にくいためであった。これらの目的は概ね達成されたといってよい。

　そして，最近では雑味の削減ではなく，何らかの風味を出す努力が始まっている。米をあまり磨かないことなどが試みられるようになった。しかし，風味の要素が多い日本酒では，どんな風味要素バランスがいいのかよくわかっていない。微生物をコントロールする方向性が不明なのである。

　すると，微生物をコントロールするのではなく，自然に任せようとする考え方が浮上する。風味を地域の微生物に任せようとする考え方である。新政酒造㈱のように蔵の酵母や生酛で生成する乳酸菌，木桶を重視する酒造りは，微生物を重視するという意味において，マイクロオーガニズム（微生物）テロワールと称することが，ワインとの共通理解を進めつつ差別化を図るという点でふさわしいとみられる（図6-33）。

　新政酒造㈱は，微生物の制御において，科学的手法も取り入れている。かつての形式が伝承されている生酛を科学的に考察し，新しい手法を生み出した。その上で木桶のような，科学的には十分に解明されてない伝統的手法を導入している。これらによって，高級分野を開拓しようとしているのである[21]。各地では類似の挑戦も散見されるようになった。

21　2019年5月7日聞き取り調査による。

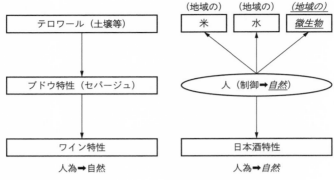

出所：筆者作成。

図 6-33　マイクロオーガニズム（微生物）テロワール

⑷　新政酒造㈱

　新政酒造㈱の取り組みを整理しよう。ポイントは２つである。①生酛のイノベーションと②木桶の活用である。①は科学的なイノベーションによる独占的競争に該当する。②は微生物テロワールによる有意味化に該当する。

　次に，これを差別化の観点から整理する。差別化には２種類ある。垂直的差別化と水平的差別化である。垂直的差別化は，価格当たりの機能や品質の良さを訴求するタイプだ。他方，価格当たりの機能や品質ではなく，他の要素（意味等）で顧客を引きつける差別化を水平的差別化と称する（Besanko, et al., 2000, 邦訳 pp.260）。すると，①は垂直的差別化に，②は水平的差別化に該当する。

　新政酒造㈱は，まず，①垂直的差別化によって品質が良いという評判を獲得したのちに，②水平的差別化を行うことによって，少しずつ製成数量を減らす一方で価格を上昇させていくことに成功しつつある（図6-34）。

　生酛のイノベーションとは雑菌（野生酵母）の排除である。雑菌リスクが高い開放系プロセス（櫂，タンク）を，ビニール袋に代えた。それを手でこねることによって櫂による酛摺りを代替し，閉鎖系のプロセスを安価に実現した。

　このように記すと，簡単なことのように思えるかもしれない。しかし，生酛製法はビニールが存在しない時代に確立されたものだ。科学的な分析も少なく，その形式のみが伝わっている。したがって，その型の意味内容を理解する

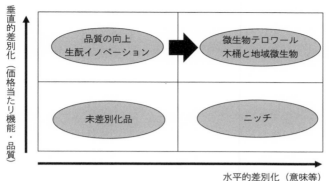

出所：筆者作成。

図 6-34　新政酒造㈱：垂直的差別化に水平的差別化を付加

ことは容易ではない。そして，どちらかといえば，櫂で摺る型が優先されてきた。

　それを，新政酒造㈱では，古い文献と科学的分析により，生酛の型ではなく，意味内容を解釈し直した。江戸時代では不可能であったが，現代では可能な資材のもとで生酛の工程を再定義したのである。

　その結果，純度の高い酒母を得ることが可能となり，繊細な風味が可能となった。新政酒造㈱の酒質は消費者から広く支持を集めている。

　これは，日本酒製法のイノベーションといっていいだろう。酛造りにおける速醸以来の技術革新である。品質を向上させる垂直的差別化に該当する。

　さらに，新政酒造㈱では，そこに地域性を織り込む水平的差別化にも挑戦している。地域性を織り込む要素は，米，水，地域微生物である。そのベースにある美意識・価値観は，「添加物を使わない」「地産地消」「なるべく自然に」というものだ。

　添加物を使わない方針は，上述の生酛改革にも繋がった（乳酸無添加）。さらに，仕込みタンクを，杉の木桶に切り替え始めた。また，秋田市中心部から東へ20キロメートルほどのところにある「鵜養（うやしない）」地区で，無農薬栽培で酒米造りを行っている（入山，2017）。

　しかし，木桶は，ホーローのタンクよりも雑菌の制御が難しい。そのため，

木桶ではなくホーローのタンクが雑味の少ない良い酒をもたらすのが日本酒業界の常識である。新政酒造㈱の取り組みは，非常識と受け止められている。

　新政酒造㈱では木桶を使用することにより味に深みを持たせようとしている。極端にいえば，雑菌を有効活用しようとしているのである。

　これは，その前の工程（生酛による酒母）において，完全に雑菌を排除しているために可能となったものとみられる。

　一般的な速醸による酒母では完全な野生酵母の排除は難しい。したがって，その後の造り（仕込み）の工程において，なるべく微生物の影響を排除したい。

　他方，純粋な酒母を造るイノベーションに成功している新政酒造㈱では，その後の造りにおいて，冒険が可能になったと思われる。

　新政酒造㈱の冒険は，水平的差別化を可能とする。木桶に棲み着いた微生物は，地域の個性といえるからである。ワインのテロワールになぞらえれば，マイクロオーガニズム（微生物）テロワールといえる（図6-33）。

　ワインの場合には，ブドウの品質が土壌や気候風土の影響を大きく受けて，その結果ワインの品質が土地の状況に左右される，いわゆるテロワールがわかりやすい形で存在する。果実を原料とするワインは原料の特性が直接反映されるためだ。

　他方，米は風味に乏しい穀物である。したがって，米だけで日本酒の風味を説明することには無理がある。他の要素である水や，特に微生物の関与が大きい。新政酒造㈱のようなやり方は，地域の微生物を因果関係に取り込むことを可能とする。

　しかも，その背景には，「添加物を使わない」「地産地消」「なるべく自然に」といった美意識や価値観がある。消費者がその価値観を支持すれば，マイクロオーガニズム（微生物）テロワールが機能し，水平的差別化が成立するだろう。それは，既にかなりの程度成功しているのようにみえる。

　新政酒造㈱では伝統工程に現代技術を持ち込んで品質を向上させるという垂直的差別化によって評判を獲得した。伝統の現代化である。そして，その上で，無添加や地域性を活かすという美意識・価値観による水平的差別化を行っている。これは，地域の有意味化に相当する。その結果，日本酒では珍しい，地域性を織り込んだ高級ブランド化に成功しつつあるのである。

⑸　単式蒸留焼酎

　単式蒸留焼酎には，かつて100～200年にも及ぶ高級古酒（泡盛）が存在していたとされる（沖縄県酒造組合「琉球泡盛」）。残念ながら第二次大戦で破壊された。これは，時間や歴史による有意味化でもある。存在そのものが伝統ともいえる。一朝一夕にはいかないが，かつては可能であったこの手法を復活させることが最も有力な高級化の手段である。

　古酒以外の伝統活用も有効とみられる。沖縄にはシー汁のように，今ではすたれてしまったが，中国系の技術がつい最近まで伝承されていた。これらの技術を復活させ応用することは，伝統の活用として有力な方向性とみられる。原料面ではかつて活用していた芋と黒糖を使い，芋酒を復活させようとする試みがある。

　古来の伝統は沖縄に多い。単式蒸留焼酎業界は全体として，沖縄の伝統活用を検討する必要があるだろう。

⑹　家業

　組織文化の有意味化には小企業が有利である。極端には個人企業であれば，当人がその意味を理解していればよい。他方，大企業になるほど，意味を浸透させることは難しくなる。

　第5章で分析したように，家業は大企業と目的が異なっているケースが少なくない。大手企業は利益が優先されるのに対し，家業では，利益よりむしろ，家業の存続や働き甲斐，ワークライフバランス，チームワーク，地域との関係性が優先される。ソーントン（Thornton, 2013, pp.166-172, pp.186-189）は，米国のワイン企業にも利益以外も追求する型の企業があり，景観の良いブドウ畑の形成や，高品質ワインの追求など，利益以外の要素も重視することができるために，高級分野において高い競争力を有していると分析している。

　利益以外の目的である，地域との関係性や良い景観，高品質はその家業の存在する意味である。利益以外を目的とすることは，組織の意味を考えることに他ならない。利益以外を重視することが，高級分野における競争力になるとすれば，それは組織の意味づけをし，顧客がその意味を高く評価しているためと考えられる。

　最近ではモノづくりに加えて，コトづくりが注目されている。例えば総務省の情報通信白書（2013年度版）は，現在のコトづくりの方向性として，次の2つを指摘している。ソーシャルな価値創造の仕組としてのコトづくりと，利用者が商品を使用することで次々に新しい価値を生みだすコトづくりである。2つの共通点は価値の創造であるが，これは意味の創造ということもできる。

　本書では，ブランド戦略とは，意味をつくり，組織に浸透させ，顧客に理解してもらうことであるとした。それは，注目されているコトづくりの理論的分析と実践に向けた戦略でもある。そして，意味をつくるうえで，組織が小さい家業は，大手企業よりも有利な面が多い。第5章で分析したように，小規模家業は特に規模の経済が限定的な日本酒において増えてきている。

第5節　國酒の成長戦略

　本書では，國酒の成長戦略を分析考察してきた。細分化されていた先行研究を統合し，國酒の歴史と製法には，伝統と科学の2系統があることを，新たに示した。戦後は科学が優勢である。科学は品質の向上と規模の経済をもたらした。他方，再現性があり，真似しやすくなることから同質化が進みやすい。

　また，本書では市場及び企業を実証的に分析し，階層化仮説を検証した（図6-35）。そして，各々の市場階層に対する成長戦略を新たに示した（図6-36）。

　ボリュームゾーンの大衆酒は，規模の経済を実現するために，大規模な設備投資を行って競争力を生み出す寡占戦略が有効である。但し，酒米のように原料価格が高い場合には規模の経済が効きにくい。日本酒の大衆酒を振興するためには米農業の生産性を改善するか，米の輸入関税を引き下げる必要がある。他方，単式蒸留焼酎は寡占戦略が有効である。

　成長が期待される中級酒の領域は，品質と価格のバランスが重要となる。両立には科学の力が必要である。但し，科学には再現性があることから追撃されやすい。これらの条件を踏まえると，中級酒の領域は科学的なイノベーションを繰り返す，独占的競争戦略が有効である。なお，國酒は参入規制が厳しく，他の酒類や産業に比べてイノベーションが陳腐化しにくい。吟醸酒や純米吟醸

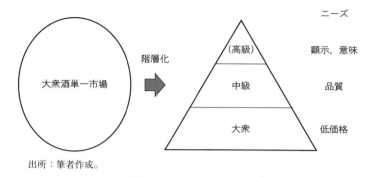

出所：筆者作成。

図6-35　國酒（日本酒・単式蒸留焼酎）における階層化仮説（再掲）

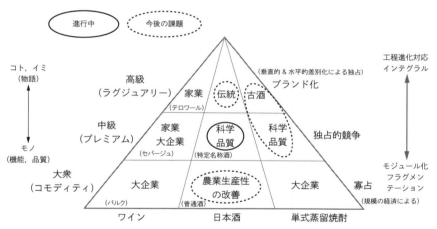

出所：筆者作成。

図6-36　階層化仮説に対応する経済理論と成長戦略

酒の画期においてイノベーションをリードした蔵元は，独占的利潤を長らく享受しえた。各社が類似商品によって追撃することによって完全競争に近くなり，商品的には同質化して消費者に飽きられるには，相応の時間を要する。純米吟醸酒が注目を浴びて久しいが，依然として同酒の生産性向上にビジネス機会が残存しているとみられる。

　次に，現時点では國酒では少ないが，ワインを念頭におくと，巨大市場にな

りうる高級酒は，垂直・水平，両方の観点からの高度化した差別化，ブランド化が必要である。垂直的差別化は，価格当たりの機能や品質の良さを訴求する。他方，価格当たりの機能や品質ではなく，他の要素（意味等）で顧客を引きつけるのが水平的差別化である（Besanko, et al., 2000，邦訳 pp.260）。

　高級酒の領域では，品質に加え意味が重要となる。意味を形成するうえで，最も有力な資源は伝統である。さらに伝統に立地特性を加えることにより，差別化はより強固となる。フランスワインのテロワールである。幸いにも國酒には長い歴史と伝統がある。伝統を見直し活用することによって，物語や意味を創出することが高級酒分野の成長戦略である。例えば既述のように，伝統的な手法に基づいて地域固有の微生物を活用し，それを差別化要因とするマイクロオーガニズム（微生物）テロワールは，高級酒分野の成長戦略にとって有力な手段となる。

　國酒の各階層における経済原則，経営戦略と差別化の関係は次の通りである。大衆酒階層における規模の経済及び寡占戦略と，中級酒階層における独占的競争は，垂直的差別化に該当する。他方，高級酒階層におけるブランド化は，垂直的及び水平的差別化，双方が重要となる（図6-37）。

　高級酒分野の成長戦略は，模倣が難しい地域固有の資源を差別化の要素とする。すなわち，内発型の成長戦略である。また，國酒産業は域外市場への移出産業でもある。高級分野における國酒の成長戦略は，内発型の移出産業振興策を示したものである。

　地域開発は，臨海地域の大規模開発から，高度化した内陸工場へと段階を経て発展してきた。重化学工業によるコモディティから，電機・自動車産業によるプレミアムである。地域は海面や土地，労働力を供給し発展を支えた。経済理論からは，規模の経済による寡占から，差別化による独占的競争へ力点が移ってきたと整理される。但し，これらは外発的な発展であった。

　他方，経済の成熟化や高所得インバウンドの増加は，模倣が困難な地域資源を繋いで物語を創ることによるブランド化を受容しつつある。これは國酒以外にも，農林水産業や食品加工業，それらの集合体でもある観光業に期待できるだろう。観光については次章で述べるが，これらの産業を発展させることによって，内発型の移出産業振興という地域経済の課題を解決できるとみられる。

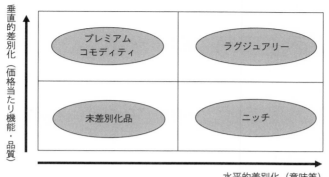

出所：筆者作成。

図 6-37　國酒と差別化

　國酒に関する政策論的インプリケーションとしては，政府の規制がある。日本の規制は，供給者の保護に力点がある。國酒の製造免許は制限されている。一方，流通は自由化された。対照的なのは米国である。米国の規制は，アルコールの外部不経済対策である。消費者の過剰なアルコール摂取を回避するために，流通規制に力点が置かれている。一方，例えばワイン製造への参入は自由である。

　対照的な規制は，対照的な結果をもたらしている。日本における酒類小売りの自由化は，1990 年から 2010 年に至る一人当たりアルコール消費減少の一因であった可能性が高い。また，製造への参入規制はイノベーションを阻害している可能性がある。他方，米国では，新規参入が活発である。その結果，米国のワイン産業は順調に成長している（Thornton, 2013, p.2, p.139）。

　産業の保護が有意性を持つのは，幼稚産業において資本市場が不完全であるなどの市場の失敗がある場合に限定される（Krugman, 2016, 邦訳 p.311）。明治の酒税導入時は別として，今日においても同じ規制を継続する理論的根拠は乏しい。一方，米国の規制は，経済学の理論を踏まえたものといえる。

第7章

國酒と観光
―地域経済活性化へのインプリケーション―

　本書では，國酒市場の階層化が進んでいること，当該階層化への対応が遅れていることが國酒危機の内実であること，ブランド化等による階層化への対応が國酒の成長戦略となることを明らかにした。最後に，國酒のブランド化が観光を通じて地域経済を活性化させる可能性を論じる。

　観光を取り上げるのは，インバウンドが好調で各地域を活性化していることに加え，定義によっては國酒産業の一部を観光と捉えることが可能なためである。それは蔵の見学や試飲に留まらない。後述するように，夏季の展示会や営業も，世界観光機関の定義ではツーリズム（観光）に該当する。

　但し，期待されるのは蔵の見学や試飲，販売等からなる國酒ツーリズムである。先行するワイン産業では，ツーリズムが大きな柱となっている。それは流通経費が不要なだけでなく，往訪を通じて独自の物語（テロワール）が確認され，それがブランド力の強化に繋がるためである。

　すなわち，前章において検討した國酒の地域資源の物語化によるブランド化とツーリズムは密接不可分な関係にある。

　さて，インバウンドが急増している。2018年の訪日外客数は3,119万人と過去最高を更新した。他方，インバインドの急増は，一部で観光公害ともいわれる過剰観光問題を引き起こしつつある。

　池上（2019, pp.34-49）によれば，インバウンド・ビジネスを日本の成長・収益産業にするためには，マス層と富裕層の両分野で既存のパラダイムを変える必要があるとされる。良いもの・良いサービスをより安くは，観光公害に繋がりかねない。差をつけないというパラダイムからの転換が必要である（図7-38）。

　したがって，観光公害問題への対応は，高価格サービスの提供等，価格メカニズムによる需要調整が望ましい。物見遊山を中心とした従来型の量的観光か

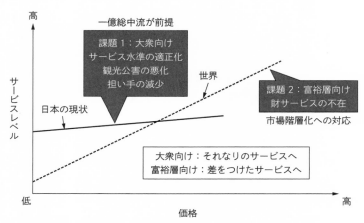

出所：池上重輔（2019, p.36）より筆者作成。

図7-38　インバウンドの課題≒ブランド化

ら，高度な体験型の質的観光へのシフトが望まれる。例えば，海外にはワイン
ツーリズムがある。ワインツーリズムの顧客は年収が高く，消費額が大きく，
ブドウ産地である地方圏を往訪するなど，観光公害をもたらす顧客とは正反対
の属性を有している。本章では，観光を高度化する主体として，ワインツーリ
ズムの日本版に相当する國酒ツーリズムの可能性を検討する。

　日本酒は輸出が好調である。しかし，国境措置や流通コスト，比較されるワ
インとの価格差等によって，海外販売価格は国内の数倍に及ぶ。訪日客であれ
ば，自国価格の数分の一で購入することが可能であり，インバウンドへの販売
には価格競争力がある。また逆に，輸出が伸び悩む単式蒸留焼酎においては，
インバウンドによる消費体験が輸出増に繋がる可能性がある。

第1節　観光とニューツーリズム

⑴　観光

　まず観光の定義を行う。観光という言葉自体は中国の易経を語源としてい
る。但し，頻繁に使用されるようになったのは戦後である。1969年の観光政策

表 7-11 世界観光機関のツーリズム内訳

区分	具体例
Leisure, recreation and holiday	レジャー，リクリエーション，休養，鑑賞，見物など
Visiting friends and relatives	友人・親戚訪問
Business and professional	業務出張，会議出席，展示会参加，報奨旅行，視察など
Health treatment	内科・外科治療，健康診断，温泉療法，美容外科など
Religion/pilgrimages	宗教行事参列，巡礼など
Other	交流活動，語学研修，ボランティア活動，合宿・キャンプなど

出所：岡田（2014, p.4）。

審議会答申では「日常生活圏を離れて行うレクリエーションを観光」と定義している（溝尾，2015, pp.4-8）。

　他方，世界的にはもう少し幅広く捉えられている。例えば世界観光機関（UNWTO）では「ツーリズムは，継続して一年を超えない期間で，レジャー，ビジネスその他の目的で日常生活圏外の場所を訪れ，そこで滞在する人々の諸活動であって，旅行・滞在先で報酬を得ることを目的とする活動を除くものから成る」と定義している（岡田，2014, pp.2-3）。これは，通勤・通学を除いた非日常的な移動全てを観光とみなす考え方に近い（表7-11）。

　岡田（2014, p.4）は，「観光」は「ツーリズム」を和訳したものでありながら，両者の概念は大きく乖離していると指摘する。日本の「観光」には「余暇」という条件があるが，世界観光機関の「ツーリズム」にはそのような条件がない。日本では「観光」を余暇やレジャーの一環と狭義に捉えるため，地域外から人々を誘引し得る他の地域資源（誘客資源）を見落としてしまう。その反省から，最近では，日本の観光の概念にはなかった領域は，後述するニューツーリズムとして注目されている。

　観光の把握が困難なのは，その定義に留まらない。日本における狭義の「観光」も，世界観光機関における広義の「ツーリズム」も，何等かの諸活動，すなわち消費形態の定義である。このことは，供給面である産業から観光を捉えることを難しくしている。例えば観光産業という定義は，日本標準産業分類や産業連関表には存在しない（溝尾，2015, p.25）。

　かつての日本的な狭義の観光であれば，観光地のホテル旅館や旅行代理店を

観光産業と定義しても大きな問題は生じなかったろう。しかし，非日常的な移動全てを観光と捉えると，関連する産業は多様であり，観光産業の把握は困難を極める。

　しかし，広義の認識は地域における観光の重要性を増加させる。観光産業は地域に与える影響が大きい。ニューツーリズムのように，地域の経済活動と観光の接点が増えれば，地域における観光の経済効果は増大する。むしろ，関連しない産業活動が少ないといえるだろう。

　観光が地域に与える影響が大きいのは，①消費者が生産地を訪れることから，流通コスト等が減じ，付加価値が増すこと，②消費が多くの業種に波及すること，③機械ではなく人に依存するサービス産業であること，④立地が重要であること，⑤自然・人文の観光資源は適切に管理すれば消耗が少ない，といった特徴があるためである（溝尾，2015，pp.27-28）。

(2)　ニューツーリズム

　尾家（2010，p.25）によると，ニューツーリズムの用語としての学術上の初出はプーン（Poon）とみられる。プーンは，大量生産・大量消費をベースにしたマスツーリズムから，持続可能なニューツーリズムへ，徐々にシフトするとみていた（尾家，2010，p.29）。ニューツーリストは，人とは違う体験を願望し，環境意識が高く，自分の見かけよりも実質を楽しみ，何を持つかよりも自分の存在を優先し，用心することよりも冒険を求め，ホテルの食堂より外の地元の食事を好み，同質であるよりもハイブリッド（雑種）でありたがる。そこには，豊かな旅行経験，自立と融通をとり，新しい価値観とライフスタイルの消費者が浮かび上がる（尾家，2010，p.30）。ここで意識されているのは，観光の範囲の拡大よりむしろ価値観である。範囲や力点の変化は，消費者意識や価値観の変化に対応している。

　一方，観光庁によるニューツーリズムの定義は，「従来の物見遊山的な観光旅行に対して，これまで観光資源としては気付かれていなかったような地域固有の資源を新たに活用し，体験型・交流型の要素を取り入れた旅行の形態」であり，範囲の拡大である（中山・尾崎，2019，p.1）。

　我が国では，観光が余暇関連に狭く解釈されてきた。一方，世界的には通

勤・通学を除く非日常的な移動全般が観光であるとみなされてきた。その結果，我が国ではニューツーリズムが，世界観光機関における幅広い観光の定義へのキャッチアップや，新しい観光の手段や方法論として受け止められている。価値観の変化も内在されているものの，価値観よりは表面現象を論ずる傾向が強い。

　例えば八木（2019，pp.200-201）は，「ニューツーリズムとは，これまでの物見遊山的な『見る・訪れる』観光とは違い，観光者の趣味や嗜好などに基づいたテーマに沿って，『体験する・交流する・学ぶ』要素を取り入れた新しい観光形態である。自然環境や歴史文化を体験して学ぶ『エコツーリズム』や，地域特有の食や食文化を体験する『フードツーリズム』，映画や音楽，アニメなどのコンテンツゆかりの土地を巡る『コンテンツツーリズム』など，様々な種類のニューツーリズムが高い人気を得ている。そして，これらのニューツーリズムの“核”となるのは，観光客を惹きつける『観光コンテンツ』と，訴求力のある『ストーリー』である」，と述べ，価値観の転換には言及していない。

　そして次に，「例えばフードツーリズムでは，地域特有の食材や伝統的な調理法，郷土料理や地元で愛されるローカル・フード，酒蔵・ワイナリーなどを観光資源とし，これらの食や食文化を楽しむことはもちろん，そば打ち体験や味覚狩りなどの食体験やグルメツアー，ワイン・酒ツーリズム，朝市，・グルメイベントへの参加などが観光コンテンツとなる。こうしたモノやコトは，地域の人々にとってはごくありふれた日常的なものであることから，普段は観光資源として認識されないものが多いだろう。しかし，観光客にとっては，これらの観光資源や観光コンテンツの体験は非日常的で，かつ再現性のないものであり，希少性の高い体験となり得る。したがって，これらの観光資源を効果的に活用し，観光客のニーズに沿った観光コンテンツを創り上げ，観光者に提供していくことが重要となる。但し，これらの観光コンテンツは各地に存在していることから，ブランド化が課題である」（八木，2019，pp.212-214）と述べている。

　八木（2019，p.214）が指摘するように，ニューツーリズムの観光コンテンツは，地域にとって日常的なものが多い。これは，岡田（2014，p.4）が日本では「観光」を余暇やレジャーの一環と狭義に捉えるため，地域外から人々を誘引

表7-12　世界観光機関の区分とニューツーリズム

区分	具体例
Leisure, recreation and holiday	フードツーリズム,
Visiting friends and relatives	グリーンツーリズム
Business and professional	MICE，産業観光
Health treatment	医療ツーリズム，ヘルスツーリズム
Religion/pilgrimages	コンテンツツーリズム
Other	エコツーリズム

出所：筆者作成。

し得る他の地域資源（誘客資源）を見落としてしまうとの指摘と整合的である。したがって，ニューツーリズムは，日本の狭かった観光の概念を，世界観光機関によるツーリズムの定義に拡大するものと捉えることにも妥当性がある（表7-12）。

　また，八木（2019）や岡田（2014）が指摘する地域資源の発見やブランド化は大きな課題である。訴求力のあるストーリーの必要性も論をまたない。しかし，従来の観点からは，ありふれたようにみえる地域資源に価値を持たせるためには，観光の範囲拡大を訴えるよりも，プーンのように新たな価値観の訴求に焦点を当てる方が効果的とみられる。八木（2019）が重視するストーリーの構築には，社会的コンテクストに基づく有意味化が有用であり（Weick, 1995, 邦訳 p.72），それは新たな価値観の物語といえるためである。

第2節　酒類とツーリズム

⑴　ワインツーリズム

　単なるブドウ畑を観光資源に変えて成功を収めているケースとして，海外のワインツーリズムがある。ワインツーリズムとは，ワイナリーやワイン産地の経験，現地のライフスタイルへのリンクを体験するための観光であり，ワイン観光地のサービスの提供とワイン観光地のマーケティングを含むと定義されている（井上，2019，p.312）。

　ブドウ畑が観光地として価値を持つに至ったのは，前述のテロワールという
物語が普及し，消費者の価値観が変わったためとみられる。テロワールとは，
地域の風土がブドウの風味を決め，ワインの品質を左右するという物語であ
る。一方，ワインの品質を左右するのは，ブドウの産地ではなく品種であると
いう考え方もあり，セパージュ（cépage：フランス語でワインに用いるぶどう
品種のこと，英語ではヴァライタル：varital）と称する。

　セパージュの考え方によれば，品種が同じであれば，どこでも同じ風味のワ
インとなることから，産地を往訪する意味は乏しい。一方，テロワールの物語
に従えば，銘醸地を訪ねることは，ワインの風味を理解することに繋がる。ワ
インツーリズムの興隆には，セパージュからテロワールへの価値観の転換や成
熟がある。

　また，ワイン産業の内実はブドウ農業でもあることから，同農業の持続可能
性や環境負荷もツーリズムの決定要因となる。ワインツーリズムには，地球環
境に対する持続可能的な価値観が内包されているとみられる。

　このようなワインツーリズムの価値観は，量より質を追求するプレミアム
ツーリズム戦略において成功を収めている。観光の高付加価値化は，観光公害
を回避し，ツーリズム産業を真の成長産業とするために必要であり，ワイン
ツーリズムはその代表的な成功事例とされる（井上，2019，p.310）。

　例えば，フランスのボルドー地区には，7,375 のワイナリーがあり（フラン
ス全土のワイナリー数は 85,000），年間 270 万人の観光客が訪れる。そのうちイ
ンバウンドは 39％に達する（児玉，2017，p.193）。

　また，オーストラリアでは，1998 年に地域ワインツーリズム戦略が策定さ
れ，2016 年現在，2,468 のワイナリーに年間 500 万人以上の観光客が訪れてい
る。オーストラリアを訪れる観光客の個人消費額が世界で群を抜いて高い背景
には，一人当たりの消費額が高いワインツーリズムの成功があると考えられる
（井上，2019，p.312）。

　さらに，米国ナパバレーのワインツーリズムは，観光客の平均年収が約
1,700 万円，75％が大学卒以上の学歴を有し，往訪客の 9 割強がリピーターにな
るとみられている。現在ナパバレーには年間 350 万人の観光客が訪れ，19 億ド
ル（約 2000 億円，6 万円/人）を消費している（井上，2019，pp.323-324）。

　ナパバレーのワインツーリズムはロバート・モンダヴィ氏のリーダーシップのもと進められた。ロバート・モンダヴィ氏は，フランスボルドーのシャトー・ムートン・ロートシルトとナパで合弁ワイナリー（オーパス・ワン・ワイナリー）を立ち上げ，ナパを高級ワインの産地として知らしめた人物である。ナパでは観光客誘客に3つの基準を設定している。①繁忙期（4〜10月のブドウ収穫期）に観光客を誘致しない。②ワイナリー閑散期（11〜3月）と平日に観光客を誘致する。③持続的な地域発展のために，量の追求はせず，プレミアム戦略を推進する（井上，2019，pp.321-323）。

　この目的を達成するために，ツーリズム事業を統括するDMO[22] であるVNV（Visiting Napa Valley）が2009年から組織されている。VNVはホテル売上税を原資として運営されている。2017年の運営資金は約7億円で，その1/3がブランド・マーケティングに支出されている。これは，主に富裕層へのプロモーションである。例えば，東京では定期的に高級レストランでディナーレセプションを開催し，ワイン文化や美食に関心のある富裕層に直接マーケティング活動を行っている（井上，2019，pp.323-327）

　フランスのボルドーや米国のナパバレーは，高級酒の銘醸地として名高い。ワインツーリズムは，ブランド化した産地への往訪が中心である。また，ワインのブランド化は土地と結びついている（テロワール）。銘醸地の往訪は，ワインの風味や造り手の価値観を理解することであり，ブドウ農業の持続可能性や環境負荷に考えを及ぼす機会となる。ワインツーリズムには，新しい地球環境に対する持続可能的な価値観が内包されており，共感者が往訪している側面を有する。したがって，國酒ツーリズムにおいても，望ましいのは，地球環境への配慮等，新しい価値観に基づいた物語の樹立と，それらによるブランド化である。

⑵　國酒ツーリズムの可能性

　國酒においても，ワインツーリズムのような展開が可能であれば，有力な成

22　DMOはDestination Management/Marketing Organization の略。観光庁は「観光地域づくり法人」と訳している。

長戦略となりうる。例えば政府（観光庁）は，2013 年に酒造関係業界，関連業界，地方自治体，国からなる酒蔵ツーリズム[23] 推進協議会を発足させている。

　酒蔵ツーリズム推進協議会の認識や問題意識は，「ナパ」や「ボルドー」のワインツーリズムと体験できることには大差がないものの，日本における「酒蔵ツーリズム」は，国内外の認知が十分ではないというものである。情報の非対称性を解消すればワインツーリズムのように活性化すると考えている。そのため，情報提供の活動が主体である。

　確かに，日本酒の輸出が好調であることに鑑みれば，情報の非対称性を緩和する情報提供戦略は正しいとみられる。但し，どのような情報を提供すべきかは，一考の余地がある。

　情報の非対称性に対する不利益を回避する方法としては，評判とその伝達のためのシグナリングが知られている。理論的にも経験的にも，良い評判や名声を博したブランドや企業は，情報の非対称性による不利益どころか，高い利潤を得ることが可能である。

　したがって，國酒ツーリズムを喚起するためには，ブランドの強化が最も有力な手段となる。またブランド化のようなシグナリングによる情報伝達の代わりに，有力者によるレーティングや，公正で厳格な原産地呼称や製法に対する統制と公開も，情報の非対称性を緩和する。

　ブランド化には意味づけが有効であることを前章で検討した。海外のワインツーリズムは，テロワールという意味づけや，それら地域環境等に対する価値観の転換によって，産地がブランド化することによって生じた。

　上述した協議会の認識において不足しているのは，意味づけや価値観ではないか。レーティングや，公正で厳格な原産地呼称や製法にも，意味づけや価値観が必要である。國酒ツーリズムは，未だに成功した段階に達したとはいい難い。それは，価値観を疎かにするなど，情報の非対称性に対する対応策が適切ではないことに，その一因を求めることができよう。

　誘客の成功事例として挙げられているのは，その多くが年に一度のイベントである（鹿島酒蔵ツーリズム，新潟酒の陣等）。もし，海外のワインツーリズム

23　「酒蔵ツーリズム」は佐賀県鹿島市の登録商標。

のような状況を望むのであれば，賑わいよりはブランド化を，量よりも質を重
視する必要がある。

　ブランド化には，価値観や因果関係を背景とした物語が重要である。ワイン
ツーリズムは，まずボルドーやブルゴーニュ，ナパバレーのような産地ブラン
ドの確立が先行し，その後にツーリズムが起こった。産地ブランドの確立に
は，第6章で分析したように，土地の風土がワインを生み出すというテロワー
ルという価値観と物語が寄与した。そして，その物語がツーリズムを喚起した
のである。その結果，ツーリズムは，有力な販売チャネルの1つとなった。

　したがって，國酒においても，まず必要なのは，地域を付加価値とした価値
観と物語を確立することによるブランド化である。それに成功すれば，ツーリ
ズムは地域の物語に付随して発生する。現在各地で，蔵元の見学や試飲，販売
によるツーリズムの試みがあるが，一時的な祭りやイベントとしての成功に留
まっているケースが多い。それは，前提となるべき地域の価値観や物語による
ブランド化が十分になされないままに進められているケースが多いためとみら
れる。

　さて，本格的な國酒ツーリズムに繋がりそうな事例も散見される。①秋田県
秋田市の新政酒造㈱，②兵庫県西脇市の㈱萬乗醸造，③富山県立山町の㈱白岩
である。

　秋田の新政酒造㈱は，新しい価値観をもたらす代表である。添加物無添加を
原点に，先述の微生物テロワールという価値観や考え方によって，地域を背景
としたブランド化を成しつつある。無農薬の酒米を育てている鵜養地区では，
散在する古民家を将来的にリニューアルし，宿泊や試飲ができる施設を整備す
る展望がある。

　また，兵庫県の西脇市は，日本で最も高品質の山田錦（酒米）が収穫できる
地域に属している。同地域の品質を支えているのは当該地域の地質である（杉
原ら，2016）。その物語を有効に活用するために，愛知の蔵元である㈱萬乗醸
造が支店ともいうべき蔵を設ける。愛知の㈱萬乗醸造はフランスの三ツ星レス
トランなど一流シェフが好むことで知られるブランド蔵である。その製造技術
に山田錦の里という地域性が加わる。西脇市は，観光振興の観点を含めて同蔵
を支援する姿勢を示している。

　このようにブランド力を上昇させるような優れた地域資源があれば，それを活用したいブランドを誘致できる時代になってきている。蔵元からみると，縛られていた地域から解放され，自らの哲学や価値観に合致した地域に蔵を一部移すことも可能である。

　海外におけるラグジュアリーブランドの価値観を持ち込みつつあるケースも出てきた。富山県の㈱白岩である。ここでは，富山県の自然や景観，酒米等を評価した，フランスのラグジュアリーブランド関連者（ドンペリニヨンの元醸造最高責任者）等によって，日本酒の蔵建設が進められている。長い歴史によって洗練されたラグジュアリーブランドの哲学や価値観が富山で顕在化するのである。

　同社は，日本酒の価格が海外では国内の3倍程度で販売されていることに着目し，当初からその価格を世界統一価格として設定し販売する予定である。価格差が3倍にも及ぶのは，関税等の国境措置もあるが，流通マージンの影響が大きい。高い流通マージンが設定可能なのは，同じレベルにあるワインの価格が日本酒の3倍近いためである。世界的にみると，3倍の価格が適性であるともいえる。

　蔵自体が著名な建築家の隈研吾の設計として魅力的であることや，関連自治体（立山町）や民間がインバウンド対応施設を造ること，関与するラグジュアリーブランドのブランド力や人脈を考えると，㈱白岩は國酒ツーリズムの画期となる可能性が高い。

　単式蒸留焼酎は，日本酒に比べ原料原産地が近いケースが多い。したがっ

表7-13　世界観光機関の区分と國酒ツーリズム

区分	具体例
Leisure, recreation and holiday	蔵元見学（蔵元ツーリズム）
Visiting friends and relatives	友人や親戚である蔵元を訪問
Business and professional	酒店の仕入蔵往訪，蔵元の営業（酒店，展示会），業務視察
Health treatment	健康食品（麹，甘酒），化粧品としての國酒とツーリズム
Religion/pilgrimages	四国八十八ヶ所巡り等と蔵元巡り
Other	酒米田植え体験，芋堀り体験

出所：筆者作成。

て，元来ツーリズムに向いている。例えば，芋の産地を梃子にブランド化することができれば，当該芋畑と蔵の往訪がツーリズムとして成立する。輸出が伸び悩む単式蒸留焼酎においては，インバウンドによる消費体験が輸出増に繋がる可能性がある。

　なお，國酒関連のツーリズムを世界観光機関の内訳に沿って整理すると表7-13の通りである。大都市圏の酒店が地方の蔵を訪れることや，地方の蔵が大都市圏の酒店を往訪することもツーリズムに該当する。この種の活動は蔵や酒店にとって相応の割合を占める。特に11〜3月を仕込みの中心とする中小蔵は，それ以外の時期を域外での営業活動にあてることが多い。酒販店や中小酒造業は，その業務自体がツーリズムに深く関わっているのである。

⑶　ウィズコロナ時代の國酒ツーリズム

　2019年12月31日，中国湖北省武漢市で検出された原因不明の肺炎の症例がWHO中国カントリーオフィスに通知された。まもなく肺炎の原因は新型コロナウイルスと特定された。そして，世界各国へ感染が広がった。感染は飛沫により広がる。飛沫が飛びやすい飲食店は敬遠されるようになった。また，接触を回避するために，ツーリズムが制限又は自粛された。

　新型コロナウイルスを克服しても，同じようなウイルスが発現しないとは限らない。そこで，この種の感染症と併存したり，影響を受けたライフスタイルが支配的となったりする時代をウィズコロナの時代と定義しよう。ウィズコロナの時代における國酒ツーリズムはどうあるべきだろうか。

　例えば，会社への通勤はテレワークで代替されつつある。そのように，他人との接触機会が少ない旅行形態が有力となる。國酒ツーリズムでは，人口密度が高くなる酒祭りのようなイベントでは感染リスクも高くなる。これまでの國酒ツーリズムは，この種の集中型に期待する向きが多かった。しかし，ウィズコロナの時代においては，観光地で休暇を取りながら働く「ワーケーション」のように，分散型への対応が求められる。

　人口稠密な大都会にいるよりは，観光地の方が，人口密度が低い（大都市観光地を除く）。感染リスクが低いのである。そこには，「ワーケーション」のようにリモートワークの要素を絡めることも可能である。絵空事に近かった日本

出所：筆者撮影

写真 7-2　鵜養地区：全景

出所：筆者撮影

写真 7-3　鵜養地区：あぜ道の花

人による長期滞在が期待できる。

　その候補地としては，前述の秋田市鵜内地区（新政酒造㈱）や富山県立山町（㈱白岩）がある。秋田市鵜養地区は，新政酒造㈱が新たな拠点としつつある場所だ（写真 7-2）。新政酒造㈱は，ここで無農薬の米を手掛けている。農薬が散布されていない田の畔道には，多くの花が開花して，美しい景観を形成して

いる（写真 7-3）。将来的には点在する古民家を改修し，宿泊施設とする構想が
ある。

　また，㈱白岩が蔵を設ける富山県立山町も有力な候補である。ここでは，前
述の通り，隈研吾設計の蔵で，ドンペリニヨンの元醸造最高責任者が日本酒造
りを手掛ける。ドンペリニヨンは，世界を代表するラグジュアリーブランド企
業である LVMH の有力な構成要素だ。その関係者が，北陸を世界のブランド
構築拠点として選んだのである。彼らが着目したブランド要素は，美しい自然
と日本酒の歴史である。立山連峰の自然は世界に誇るべきものだ。剣岳には氷
河の現存が確認されている。そして蔵の周辺には滞在施設が整備されつつあ
る[24]。

　鵜養や白岩のような人口希薄な中山間地域では，感染症リスクを避けたツー
リズムが成立しやすい。滞在スタイルは，例えば，昼間は仕事をし，夜間に個
室飲食等でリラックスすることが想定される。このような國酒ツーリズムは関
連酒類にとってブランド化のチャンスをもたらす。なぜかといえば，滞在客は
地域と関連酒類の関係に意味（関連性）を発見すると考えられるためである。
滞在型の國酒ツーリズムは國酒高度化のチャンスとなるだろう。

24　例えば「ヘルジアン・ウッド」。レストラン等が先行開業（2020/3）。宿泊施設を整備中。隈研吾
　設計（https://www.axismag.jp/posts/2019/12/157888.html，2020 年 8 月 27 日最終閲覧）。

むすびに

　本書は，今後の地域経済を支える期待が持たれている國酒産業（日本酒・単式蒸留焼酎）の新たな成長戦略について考察してきた。最後に本書で明らかにした点と今後の課題について整理したい。

(1)　明らかにしたこと

　本書では，國酒に関する規模の経済に関し結論を留保していた先行研究に対し，國酒は異なった経済原則から構成される市場に分断され階層化の過程にあるという仮説を構築した。規模の経済が適用される階層と，別な経済原則による階層に分けて考えたのである。そして，それを，理論的・実証的に検証した。本書によって，國酒の市場・産業構造は階層化の過程にあることが明らかとなった。さらに，國酒振興に関わる新たな成長戦略の方向性を明らかにした。

　日本の國酒とされる日本酒，単式蒸留焼酎は，米，水など各地の産物を原料とし，当地の蔵人等によって造られる。國酒は日本の象徴であると同時に，地域経済に深く根ざしている。ところが，政府等の認識では，國酒は近年大きな危機に直面しているとされた。消費量が縮小しており，国内における酒蔵の数が減り続けているためである。その理由としては，国内消費者の嗜好多様化に加え，国内における人口減少や高齢化の影響などが指摘された。

　本書では，市場構造の変化と企業の対応に着目した。國酒はこれまで，国内の単一市場を想定してきた。それは，所得格差が少なく，人口が増えていることを前提としたものであった。その方向性は相応の成果を上げ，日本酒は高度成長期にかけて，単式蒸留焼酎は21世紀初頭にかけて，量的拡大を実現してきた。

　しかし，國酒は現在，量的縮小を余儀なくされている。他方で，国内所得の格差拡大や海外富裕層の影響により高級酒分野の萌芽がみられる。このような両義的現象は，上述の階層化仮説によって説明される。換言すれば，國酒に

は，危機と機会が混在しているのである。

　國酒において危機と判断されるのは，日本酒における大衆酒市場の縮小と，単式蒸留焼酎における中高級酒供給の少なさである。他方，機会と判断されるのは，日本酒における中高級酒市場の萌芽と，単式蒸留焼酎における大衆酒である。

　まず，日本酒について述べる。日本酒における大衆酒市場の縮小には，2つの理由がある。1つは，日本全体の市場が，かつての大衆酒単一市場から，中級酒を含んだ市場に変化していることである。もう1つは，日本酒の大衆酒の品質が消費者を満足させていないことである。

　日本酒は，原料となる米農業の生産性が低く，高米価で変動費が高くなるために，規模の経済が少ない。したがって，アルコールを大幅に添加しない限り，安価な大衆酒を効率的に供給することは難しい。しかし，そのような品質に消費者は満足しなくなっている。

　日本酒の大衆酒の復活には農業生産性の改善が必要である。それは，望めなくはないものの，長い時間を要する。したがって，しばらくの間，日本酒における大衆酒市場は，縮小を続けるとみられる。

　一方，日本酒における中高級酒は危機ではなく，機会の状態にある。日本酒は製法が複雑であるが，上手く造れば美味が実現される。美味の評価は高い原料コストを賄うに十分である。美味を生む技術は現在も進化し続けている。

　もっとも，そのような美味を実現するに，大変な努力が必要となる。美味の実現には，利益というよりもむしろ美味そのものを目的する必要がある。これは大手企業では難しい。個人の意思が企業の目的となりうる小規模家業が向いている。日本酒は小規模家業の構成比が増えている。そして，それらが世界的に評価される日本酒を製造しつつある。

　美味の実現努力は，これまで中級酒（特定名称酒）の領域における，科学を背景とした人為的な差別化として実施されてきた。本書では，これを，経済理論の観点から分析し，独占的競争に該当することや，ワインの新世界における特定のブドウ品種への特化による人為的な差別化と類似のものであることを明らかにした。これは，ブドウ品種を意味するセパージュ（cépage：フランス語），又はヴァライタル（varital：英語）と呼ばれる。

　さらなる発展の可能性もみえている。日本の地域性を活かしたブランド戦略である。日本酒は，米，水，微生物を主原料とする。特に微生物の関与が大きいことが，ワイン等，他の醸造酒に比べた場合の特色である。そして地域独自の微生物や米，水を差別化の要因とする動きがみえてきている。これは，いわば日本酒版のテロワールである。テロワールとは，土地を意味するフランス語から派生した言葉であり，土壌等，原料ブドウの生育環境が，ワインの品質に大きな影響を与えるという物語を示す。テロワールは，経済学的には模倣が困難な独占的要素によるブランド化である。すなわち，地域や製品に意味を付与する方向性は，ブランド戦略として合理性がある。

　次に単式蒸留焼酎について述べる。単式蒸留焼酎の課題は中高級分野である。同分野としては，まず古酒が期待される。しかし，それには当然ながら時間がかかる。しかも泡盛を例外として，古酒の経験が少なく，どのような酒質が実現されるのか，不確実性が大きい。

　古酒以外では芋焼酎に期待される。原料芋の特性を最大限に活かし柑橘系の香りを醸すなど，商品を洗練していく方向性がみえてきている。これは，鹿児島大学の研究（神渡，2007）による科学的な見地に基づく人為的な差別化である。科学的・人為的で模倣が可能な点において，ワインのセパージュ/ヴァライタルや，日本酒の特定名称酒に相当する。しかし，まだ取り組みが始まったばかりである。単式蒸留焼酎の中高級酒分野の改善には，暫し時間を要するだろう。

　他方，単式蒸留焼酎における大衆酒分野は，産業的にみて機会が大きい。単式蒸留焼酎は日本酒に比べると原料コストが安く，規模の経済が働きやすい。しかし，日本酒のパック酒が低い寡占状態にあるのに比べ，単式蒸留焼酎は競争型の状態にある。規模の経済を追求する余地があるのである。

　國酒の危機は，日本酒における大衆酒市場の縮小と，単式蒸留焼酎における中高級酒供給の少なさである。他方，機会と判断されるのは，日本酒における中高級酒市場の萌芽と，単式蒸留焼酎における大衆酒分野の規模の経済の追求である。

　日本酒と単式蒸留焼酎は，強い分野と弱い分野が異なっており，相互補完的にみえる。両者は風味も歴史も地理も異なっていたことから，別な業界として

峻別されてきた。しかし，本書のように國酒という概念によって一体的に，かつ理論的に検討すると，相互補完的で棲み分けが可能な関係性がみえてくる。これも，本書が明らかにしたことの1つである。

　また，高級酒分野の成長戦略は，模倣が難しい地域固有の資源がポイントとなる。すなわち，内発型の成長戦略である。そして地域資源を活かしたブランド化は，國酒ツーリズムに繋がる。國酒産業は域外市場への移出産業でもある。高級分野における國酒の成長戦略は，内発型の移出産業振興策を示したものである。

　最後に國酒の各階層における経済原則，経営戦略と差別化の関係を述べる。差別化には2種類ある。垂直的差別化と水平的差別化である。垂直的差別化は，価格当たりの機能や品質の良さを訴求するタイプだ。他方，価格当たりの機能や品質ではなく，他の要素（意味等）で顧客を引きつけるタイプを水平的差別化と称する（Besanko, et al., 2000, 邦訳 pp.260）。大衆酒階層における規模の経済及び寡占戦略と，中級酒階層における独占的競争は，垂直的差別化に該当する。他方，高級酒階層におけるブランド化は，垂直的及び水平的差別化，双方が重要となる。

⑵　研究の意義

　本書は，國酒（日本酒，単式蒸留焼酎）の新たな成長戦略を明らかにしたものである。「國酒」という言葉は，1980年の閣議において，内閣総理大臣が「日本酒は國酒」と発言したことが嚆矢といわれている（佐藤宣之，2013，p.700）。その後，日本酒造組合中央会において，國酒は日本酒と単式蒸留焼酎との定義がなされた。

　政府によれば，日本の酒造りは，米や水を使い，日本の気候風土や，日本人の丁寧さ等を象徴する「日本らしさの結晶」である。また，そのような國酒を海外に発信，展開していくことは，成長戦略としての輸出促進，地域活性化，日本文化の振興という観点から重要とされている（内閣官房，2012）。

　日本の國酒とされる日本酒，単式蒸留焼酎は，米，水など各地の産物を原料とし，当地の蔵人等によって造られる。國酒産業は，地域経済に深く根ざし，農業や商業，飲食業，観光等，地域産業への波及効果が大きい。地域経済に対

する國酒振興の乗数効果は大きいのである。

　一方，政府による課題の把握には不足があった。従来通りの量を主な視点としたのである。例えば，政府は國酒を振興する背景として，国内消費者の嗜好多様化に加え，国内における人口減少や高齢化の影響などにより消費量が縮小していることをあげている（内閣府，2012，p.2）。

　しかし，本書によって明らかになった國酒の状況は，そのような単純なものではない。國酒は単一市場ではなく，階層化していた。階層によって，危機である場合もあれば，むしろ機会である場合もあった。國酒には危機と機会が混在しているのである。

　日本酒の大衆酒と単式蒸留焼酎の中高級酒には課題が多く，危機といえなくもない。他方，日本酒の中高級酒と単式蒸留焼酎の大衆酒には機会が広がっている。

　本書では，國酒の蔵元や流通関係者に具体的な戦略を提供することを意図した。その結果，企業の規模や内容に応じて，狙うべき市場や採用すべき経営戦略を示すことができた。規模の経済による寡占戦略は大衆酒領域が適する。中級酒では科学による差別化戦略である。高級酒は風土や伝統を重視するブランド戦略が導かれた。

　風土や伝統を重視する高級酒分野の成長戦略は，模倣が難しい地域固有の資源を差別化の要素とする。すなわち，内発型の成長戦略といえる。高級酒分野は日本酒においてその萌芽がみられる段階に過ぎないが，国内における格差の拡大や，世界の富裕層の存在を考えると，潜在市場は膨大である。

　高級酒分野を成長させることができれば，該当地域は，ワインの銘醸地であるボルドーやブルゴーニュのような成功を収めることが可能となる。しかも，それは，ツーリズムの高度化に寄与する。インバウンドの増大とともに課題となりつつある観光公害を解決する有力な手段となるだろう。

　また，國酒産業は域外市場を中心とした内発型の移輸出産業と位置づけられる。地域経済は，地域内を主な市場とする域内市場産業（小売業，サービス業等）と，域外を主な市場とする域外市場産業とに分けて考えることができる。域外市場産業は，域外から資金を流入させる地域経済の心臓部である。

　かつての域外市場産業は，地域の低廉な労働力を活用する工場誘致等の外発

型のものであった。しかし，海外との競争激化等によって外発型の地域振興は難しくなっている。そこで求められているのは，地域資源等を差別化の源泉とする内発型の域外市場産業である。高級分野における國酒の成長戦略は，地域経済の課題である内発型の移出産業振興に繋がるものである。

　本書は，國酒振興において，地域を重視するテロワールのような，実業者の事業方針や，地域振興政策に対し，有効な示唆を与えるものである。本書の事業者に対する意義は，國酒の真の課題とその対応策を理論的に解明し，さらに実践的な戦略を明らかにしたところにある。また，本書の地域振興に関する意義は，國酒産業自体の振興が，地域の課題を解決するモデルとなりうることを示したところにある。

　例えば國酒の差別化によるブランド化は，生酛や木桶のような伝統に対し，現代的な観点から見直しを行うことによって可能となる。これを一般化すると，伝統の現代化である。幸いにも我が国の各地域産業には優れた伝統が残っているケースが少なくない。もっとも，これまでの伝統とは文化遺産のニュアンスが強かった。それを現代化の観点から見直すことが，産業発展の契機となることは，本書で明らかにしてきた通りである。地域産業の発展にはイノベーションや差別化に繋がる創造的な要素が必要となる。それは難しいものと思われてきた。しかし，本書が明らかにしたように，創造的な要素は伝統に潜んでいる。伝統の現代化こそが，創造的な地域を実現する鍵なのである。

⑶　残された課題

　本書では國酒という地域産業に注目して分析を進め，成長戦略を導いた。成長戦略を導くためには，産業を全体として俯瞰した上で，戦略を考察する必要があった。したがって，本書では局所的な分析に留まらず，分析を統合し全体像を明らかにした上で成長戦略を導いた。

　ただし，このような手法を取ったことから，統合の過程において，省略してしまった観点が存在している可能性がある。

　また，本書では，日本酒と単式蒸留焼酎の危機と機会が明らかになった。さらに，両者の相互補完関係も浮き彫りとなった。両者は別な業界として峻別されてきた。相互補完関係の存在は両者を一体として捉える経営戦略の合理性を

示唆している。その担い手は流通やコングロマリットが想定される。これまでの経緯を踏まえると難しい面も多いと思われるが，両者を一体として捉えた成長戦略の深化は残された課題である。

さらに，日本市場の階層化と構造変化は，他の地域産業や伝統産業に対しても同じような影響を与えている可能性が高い。國酒産業と他の地域・伝統産業は，長い歴史や，職人技など共通点が多く，國酒と同じように，高級化やブランド化，海外輸出強化が可能とみられる。したがって，本論考のスタイルは國酒に限らず，幅広く他の食品産業や地域ブランド論として展開することが可能とみられる。そこまで至れば，國酒やツーリズムに限定されることなく，地域経済全体の振興に繋がる。また，それは，内発型の移出産業振興策が未成立であったとされる地域経済学の課題を解決するだろう（中村，2018，p.25）。

地域開発は，臨海地域の大規模開発から，高度化した内陸工場へと段階を経て発展してきた。重化学工業によるコモディティから，電機・自動車産業によるプレミアムである。地域は海面や土地，労働力を供給し発展を支えた。経済理論からは，規模の経済による寡占から，差別化による独占的競争へ力点が移ってきたと整理される。但し，これらは外発的な発展であった。

他方，経済の成熟化や高所得インバウンドの増加は，模倣が困難な地域資源を繋いで物語を創ることによるブランド化を受容しつつある。典型は國酒の高級酒分野である。それは地域のツーリズムも活性化させる可能性が高い。同様のことは，農林水産業や他の食品加工業にも期待できる。本書を発展させることによって，地域経済の課題である幅広い内発型の移出産業振興が可能となるとみられる。

また，ブランド化のポイントが伝統の現代化であることも本書で明らかとなったことである。伝統の現代化は，垂直的差別化，水平的差別化，双方に有効な手段となる。しかも，國酒をはじめとする地域の伝統産業のみならず，都市や郊外の景観を改善することにも繋がる。

伝統の現代化による景観形成の例としては，例えば金沢駅がある。金沢駅は，集成材の木造建築物である鼓門がデザインとして重要な地位を占めている。金沢駅と対照的なのが京都駅である。現代建築の造形としては，京都駅の方が優れているのかもしれない。しかし，金沢駅は伝統である木造建築をなん

とか取り入れようとしたのに対し，京都駅には，そのような発想はみられない。京都は，伝統文化とは，古い文化遺産であると認識しているようだ。それは１つの見識である。日本の常識といってもいいだろう。

　しかし，文化遺産の保存は結構だとしても，街全体を文化遺産とすることは不可能に近い。その結果，多くの街において，景観の混乱がみられる。鉄やコンクリートのビルディングと，木造の低層建築物が混在しているのである。すなわち，日本の景観問題とは，かつての伝統文化と，現代文化との接点を見失っていることに求められる。

　日本を代表する芸術家であった岡本太郎は，「伝統は我々の生活の中に，仕事の中に生きてくるものでなければならない」と力説した（岡本，2004，p.270）。岡本によれば，わが国の文化遺産は推進力ではなく，むしろ呪縛として働いている（岡本，2004，p.281）。

　しかし，本書でみてきたように，國酒産業の一部では，伝統を形ではなく，美意識や価値観，新技術やイノベーションの源泉として捉え直し，現代化して成功している。この手法を建築に応用することができれば，日本の景観問題は大きく改善される。木を多用する隈研吾が注目されるのは，伝統の現代化の好例だからであろう。都市や郊外の景観は日本観光の数少ない弱点である。景観を改善できれば，観光の高度化に寄与する。

　文化遺産的な伝統には，現代科学の適用によって垂直的差別化（価格当たり機能・品質）が可能となる領域が潜んでいるとみられる。さらに伝統に潜む地域固有の要素を見出せば，それは水平的差別化（意味等）の有効な手段となり，キャッチアップし難いものとなる。これらを一言で表現すると伝統の現代化である。伝統の現代化はこれからの地域を支える有力な戦略となるだろう。伝統の現代化が適用可能な具体的分野や産業の探索は，残された最大の課題である。

　但し，金沢駅のような伝統文化と現代文化の融合は進むにしても，伝統技術を科学的に考察することは難しいかも知れない。科学を結果から学んできたためだ。西洋科学の対象外である我が国固有の伝統技術にその種の結論は用意されていない。伝統技術の科学化（現代化）には，西洋がそうしてきたように自ら正解を創造することが求められる。

あとがき

　本書は2001年6月からの鹿児島勤務を契機に足を踏み入れた國酒調査の集大成である。初めて住んだ鹿児島では，焼酎の洗礼を受けた。そこで受けた恩恵は忘れることができない。2008年からは新潟に勤務することとなり，日本酒の洗礼も受けた。

　偶然に過ぎないが，國酒のメッカに赴任すると数年でブームが起きた。2000年代中盤の芋焼酎ブームと，2011年の東日本大震災を契機とした特定名称酒ブームである。これらの経験を通じ國酒が地域を支える確信を得た。

　その内容は本書に記した通りである。

　20年間で訪れた蔵は相当数に上る。知己となった関係者の方々も多い。教わったことは数知れない。本書が執筆できたのは，ひとえにみなさまのおかげである。但し，あまりに数が多いので，個別の謝辞は省略せざるを得ない。お許しください。ありがとうございました。

　業界以外では，経済学の観点から論文指導を頂いた陸亦群（日本大学），酒類国際化の共同研究を通じ知的刺激を頂いた都留康（一橋大学），伊藤秀史（早稲田大学）の諸先生に，あらためてお礼申し上げたい。

佐藤　淳

参考・引用文献

青木隆浩（1998）「近代における埼玉県清酒業者の立地選択と酒造技術」『地学雑誌』第 107 巻第 5 号，pp.659-673.

青木隆浩（2000）「明治・大正期における酒造技術の地域的伝播と産地間競争の質的変化」『地学雑誌』第 109 巻第 5 号，pp.680-702.

秋山裕一（1994）『日本酒』岩波新書。

阿久津聡・石田茂（2002）『ブランド戦略シナリオ』ダイヤモンド社。

旭酒造㈱「会社概要」https://job.mynavi.jp/20/pc/search/corp209695/outline.html（2019 年 5 月 21 日最終閲覧）。

池上重輔（2019）「持続的成長のためのインバウンドにおけるパラダイムシフト」早稲田インバウンド・ビジネス戦略研究会『インバウンド・ビジネス戦略』日本経済新聞社，pp.19-52.

池見元宏・斎藤久一・小泉武夫・野白喜雄雄（1981）「タイプ別清酒の成分比較について（第 1 報）」『日本醸造協會雑誌』第 76 巻第 12 号，pp.831-834.

板倉宏明（2011）「地域ブランド形成における物語効果」『第 4 回横幹連合コンファレンス予稿集』https://www.jstage.jst.go.jp/article/oukan/2011/0/2011_0_22/_pdf/-char/ja（2019 年 4 月 30 日最終閲覧）。

一志治夫（2018）『美酒復権：秋田の若手蔵元集団「NEXT5」の挑戦』プレジデント社。

伊藤秀史・加峯隆義・佐藤淳・中野元・都留康（2017）「日本の酒類のグローバル化—事例研究からみた到達点と問題点—」*Discussion Paper Series A*, No.657, 一橋大学経済研究所，pp.1-67.

伊藤秀史・佐藤淳・都留康（2018）「日本の酒類のグローバル化—輸入側・最終消費の実態分析—」*Discussion Paper Series A*, No.677, 一橋大学経済研究所，pp.1-45.

伊藤亮司（1996）「酒造業における階層性と地域動向」『農経論叢』第 52 巻，pp.147-158.

伊藤亮司（2000）「流通再編下における酒造業の展開に関する実証的研究」『北海道大学農学部邦文紀要』第 23 巻第 3 号，pp.177-245.

井上昂（1959）「イノシン酸について」『日本醸造協會雑誌』第 54 巻第 9 号，pp.657-653.

井上葉子（2019）「プレミアムツーリズム戦略：ナパバレーのワインツーリズム」池上重輔監修，早稲田インバウンド・ビジネス戦略研究会著『インバウンド・ビジネス戦略』日本経済新聞社，pp.309-328.

入山章栄（2017）「東大文学部卒がブランド日本酒作れたワケ："日本酒テーマパーク"構想も推進中」https://president.jp/articles/-/27545（2019 年 4 月 25 日最終閲覧）。

岩松準（2013）「カバレッジの検討と市場集中度の分析：ミクロデータに基づく建設業の構造分析 その 1」『日本建築学会計画系論文集』第 78 巻第 683 号，pp.177-183.

上田誠之助（1999）『日本酒の起源：カビ・麹・酒の系譜』八坂書房。

臼井康未・張貴民（2010）「酒に関する地理学的研究の現状とその課題」『愛媛大学教育学部紀要』第 57 巻，pp.227-236.

梅本雅（1992）「稲作における規模の経済性」『東北農業試験場報告』第 84 号，pp.113-132.

大内弘造（1969）「清酒醸造における酵母の開発」『日本醸造協會雑誌』第 64 巻第 4 号，pp.280-284.

岡崎直人（2009）「日本・中国・東南アジアの伝統的酒類と麹」『日本醸造協会誌』第 104 巻第 12 号，

pp.951–957.

岡田豊一（2014）「ツーリズム・デスティネーション・マーケティングの基本的フレームワークについて」『城西国際大学紀要』第 22 巻第 6 号，pp.1–18.

岡本太郎（2004）『日本の伝統』光文社知恵の森文庫。

沖縄県酒造組合「琉球泡盛」https://okinawa-awamori.or.jp/kusu/heirloom/blend/（2019 年 5 月 24 日最終閲覧）。

沖縄タイムス社「泡盛でも焼酎でもない…100 年前の沖縄で庶民に愛された酒「イムゲー」復活」『沖縄タイムス』2018 年 10 月 18 日。

沖縄の酒類製造業の振興策に関する検討会（2017）「中間まとめ（素案）」https://www8.cao.go.jp/okinawa/9/kyougikai/sake/3-2_soan.pdf（2019 年 5 月 5 日最終閲覧）。

尾家建生（2010）「ニューツーリズムと地域の観光産業」『大阪観光大学紀要』（10），pp.25–37.

角田潔和・熱田和史・大城勤（2001）「古式泡盛製造の復活」『日本醸造協会誌』第 96 巻第 10 号，pp.662–668.

神渡巧（2007）『芋焼酎における特徴香成分の定量法の開発と原料サツマイモが及ぼす芋焼酎の香気的特徴に関する研究』鹿児島大学。

神渡巧・瀬戸口智子（2011）「芋焼酎の香りに及ぼすサツマイモ品種の影響」『生命工学誌』第 89 巻第 12 号，pp.724–727.

神渡巧・瀬戸口眞治・高峯和則・緒方新一郎（2005）「ストレスを受けた焼酎原料サツマイモのモノテルペンアルコール含量と芋焼酎の香気特性」『日本醸造協会誌』第 100 巻第 7 号，pp.520–526.

韓国統計庁（2016）Rice Production Cost Survey in 2015.

岸保行・浜松翔平（2017）「日本酒産業における情報の生成・流通モデル—価値創造のための生産・分類・適合情報—」『新潟大学経済論集』第 103 号，pp.115–129.

喜多常夫（2005）「2005 年，清酒の紙パック比率はついに 50％超！」http://www.kitasangyo.com/pdf/e-academy/tips-for-bfd/BT_11.pdf（2017 年 5 月 27 日最終閲覧）。

北野泰樹（2012）「需要関数の推定」CPRC ハンドブックシリーズ No. 3, http://www.jftc.go.jp/cprc/discussionpapers/h24/cpdp_58_j_abstract.files/CPDP-58-J.pdf（2017 年 5 月 20 日最終閲覧）。

北本勝ひこ（2016）『和食とうま味のミステリー：国産麹菌オリゼがつむぐ千年の物語』河出書房新社。

清野珠美・廣岡青央（2016）「熟成年数の異なる市販清酒の成分比較及び HS-SPME-GC/MS による熟成清酒の微量香気成分分析」『京都市産業技術研究所研究報告』No.6, pp.55–59.

楠木建（2010）『ストーリーとしての競争戦略』東洋経済新報社。

熊本国税局「単式蒸留焼酎製造業の概要」各年度版，熊本国税局開示資料（2017 年 10 月 10 日開示）。

熊本国税局間税部酒税課（1970）「しょうちゅう乙類製造業の近代化について」『日本醸造協會雑誌』第 65 巻第 10 号，pp.844–850.

黒沢一清（1977）「清酒の需要予測（1）」『日本醸造協會雑誌』第 72 巻第 11 号，pp.762–765.

経済産業省「工業統計」品目編各年版，http://www.meti.go.jp/statistics/tyo/kougyo/result-2.html（2018 年 3 月 10 日最終閲覧）。

経済産業省経済産業政策局産業再生課（2015）「日本の『稼ぐ力』創出研究会とりまとめ」https://www.meti.go.jp/committee/kenkyukai/sansei/kaseguchikara/pdf/report01_01_00.pdf（2019 年 4 月 30 日最終閲覧）。

慶田昌之（2012）「ビールと発泡酒の税率と経済厚生」RIETI Discussion Paper Series 12-J-019, http://www.rieti.go.jp/jp/publications/dp/12j019.pdf（2017 年 5 月 20 日最終閲覧）。

小泉武夫（2010）「焼酎の伝播の検証と，その後に於ける焼酎の技術的発展」『東京農業大学農学集報』第 54 巻第 4 号，pp.219–229.

郷上佳孝・岡田かおり・森山昌和・溝口晴彦・老川典夫（2012）「生酛，乳酸菌添加生酛，速醸酛造り

　の日本酒醸造工程中の D-アミノ酸の定量的解析」『微量栄養素研究』第 29 集，pp.1-6.

厚生労働省「所得再分配調査」昭和 56 年版，平成 26 年版，https://www.e-stat.go.jp/stat-search/files?page=1&toukei=00450422&tstat=000001024668（2019 年 9 月 17 日最終閲覧）。

国税庁『国税庁統計年報書』各年度版，大蔵財務協会。

国税庁「酒のしおり」各年度版，https://www.nta.go.jp/taxes/sake/shiori-gaikyo/shiori/01.htm（2019 年 5 月 5 日最終閲覧）。

国税庁「酒類課税状況表」https://www.nta.go.jp/shiraberu/senmonjoho/sake/tokei/sokuho/01.htm（2019 年 5 月 5 日最終閲覧）。

国税庁「酒税が国を支えた時代」https://www.nta.go.jp/about/organization/ntc/sozei/tokubetsu/h22shiryoukan/02.htm（2019 年 5 月 21 日最終閲覧）。

国税庁「酒類小売業者の概況」各年度版，https://www.nta.go.jp/shiraberu/senmonjoho/sake/shiori-gaikyo/kori/04.htm（2019 年 5 月 5 日最終閲覧）。

国税庁「酒類小売業者の経営実態調査」各年度版，https://www.nta.go.jp/shiraberu/senmonjoho/sake/shiori-gaikyo/kori/2000/kouri.htm（2019 年 5 月 5 日最終閲覧）。

国税庁「清酒製造業の概況」各年度版，https://www.nta.go.jp/taxes/sake/shiori-gaikyo/seishu/02.htm（2019 年 5 月 5 日最終閲覧）。

国税庁「清酒の製造状況等について」各酒造年度版，https://www.nta.go.jp/taxes/sake/shiori-gaikyo/seizojokyo/07.htm（2019 年 5 月 10 日最終閲覧）。

国税庁「清酒の製法品質表示基準」の概要，https://www.nta.go.jp/taxes/sake/hyoji/seishu/gaiyo/02.htm（2019 年 9 月 15 日最終閲覧）。

国税庁（2019）「全国市販酒類調査結果：平成 29 年度調査分」https://www.nta.go.jp/taxes/sake/shiori-gaikyo/seibun/2018/pdf/001.pdf（2019 年 5 月 21 日最終閲覧）。

国分酒造㈱資料，http://www.kokubu-imo.com/pg/newsinfo.htm?dltn=20&ostn=0&nid=191（2019 年 10 月 19 日最終閲覧）。

児玉徹（2017）「世界で活発化するワインツーリズム」『国際貿易と投資』No.108，pp.191-199.

小正醸造㈱「焼酎ができるまで」http://www.komasa.co.jp/process（2019 年 5 月 10 日最終閲覧）。

齊藤真生子（2015）「酒米の生産をめぐる状況」『調査と情報-Issue Brief-』No.880，pp.1-14.

齋藤勝宏・杉本義行（2001）「食品：競争戦略の構築を」『日本経済の効率性と回復策』財務省財務総合政策研究所，pp.1-26.

財務省「貿易統計」（税関ホームページ），http://www.customs.go.jp/toukei/srch/index.htm（2018 年 8 月 23 日最終閲覧）。

坂口謹一郎（1997a）「いずこ行くかわれらの酒」『坂口謹一郎酒学集成 1』岩波書店，pp.307-319.

坂口謹一郎（1997b）「君知るや名酒泡盛」『坂口謹一郎酒学集成 1』岩波書店，pp.249-274.

坂口謹一郎（1997c）「日本の酒」『坂口謹一郎酒学集成 1』岩波書店，pp.1-208.

SAKE RATINGS PROJECT（2017）『ロバート・パーカー・ワイン・アドヴォケートが認めた世界が憧れる日本酒 78』CCC メディアハウス。

佐々木慧・古谷大輔・竹野健次・佐々木健（2017）「軟水による米麹からの無機成分の溶出と清酒酵母の発酵能に与える影響および軟水醸造法における意義」『生物工学会誌』第 95 巻第 5 号，pp.254-261.

佐々木健・佐々木慧（2016）「広島発の秀逸バイオ技術，軟水醸造法の水質化学的および微生物的要点」『広島国際学院大学研究報告』第 49 巻，pp.23-35.

笹原和哉（2015）「イタリア水稲生産の省力化の背景とその方法」『農業経営研究』52（4），pp.19-24.

佐藤淳（2014）「東北の清酒産業の変貌と今後の方向性」伊藤維年・山本健兒・柳井雅也編著『グローバルプレッシャー下の日本の産業集積』日本経済評論社，pp.91-126.

佐藤淳（2015）「清酒・本格焼酎にみる地理的表示の現状と課題」香坂玲編著『農林漁業の産地ブランド戦略』ぎょうせい，pp.280-301.

佐藤淳（2017）「酒類産業における失われた 20 年に関する考察―需給ミスマッチとその解消―」『日本大学大学院総合社会情報研究科電子紀要』第 18 号，pp.13-21.

佐藤淳（2018a）「本格焼酎産業の再発展戦略に関する考察―求められる製品開発方法の転換―」『日本大学大学院総合社会情報研究科紀要』第 18 号，pp.239-247.

佐藤淳（2018b）「日本酒と米農業―高米価が日本酒に与えた影響の考察―」『日本大学大学院総合社会情報研究科紀要』第 19 号，pp.1-9.

佐藤淳（2018c）「日本酒と本格焼酎の再興戦略」地域デザイン学会誌『地域デザイン』第 12 号，pp.105-126.

佐藤淳（2019）「日本酒と本格焼酎の近代化に関する考察―職人技と科学―」『日本大学大学院総合社会情報研究科紀要』第 19 号，pp.173-183.

佐藤淳（2020）「地方創生の近未来：伝統の現代化とスマート・スプロール」『日経研月報』第 506 号，pp.80-91.

佐藤淳・有賀正宏（2002）『焼酎と経済』日本政策投資銀行。

佐藤宣之（2013）「『國酒プロジェクト』に端を発した政府の取り組みについて」『日本醸造協会誌』第 108 巻第 10 号，pp.700-706.

鮫島吉広（2004）「本格焼酎の技術的変遷と 21 世紀の課題」『日本醸造協会誌』第 99 巻第 7 号，pp.495-500.

山同敦子（2016）『日本酒ドラマチック：進化と熱狂の時代』講談社。

柴田忠（1989）「酒税法の改正（その 1）」『日本醸造協会誌』第 84 巻第 4 号，pp.200-206.

島津善美・上原三喜夫・渡辺正澄（1982）「高級ワインの有機酸組成と有機酸成分間の相関関係」『日本醸造協会雑誌』第 77 巻第 9 号，pp.628-633.

清水徹朗（2005）「でんぷん制度の改革論議と鹿児島県のかんしょ生産」『調査と情報』第 214 号，pp.11-17.

菅間誠之助（1975）「本格焼酎製造業 100 年の軌跡」『日本醸造協會雑誌』第 70 巻第 11 号，pp.765-770.

杉原創・本田武義・藤井一至・舟川晋也・岩井香泳子・小﨑隆（2016）「酒米と栽培土壌の化学的性質は関係するのか？：兵庫県の事例」『観光科学研究』9 号，pp.125-129.

鈴木芳行（2015）『日本酒の近現代史：酒造地の誕生』吉川弘文館。

瀬戸口眞次（2013）「焼酎麹について（1）―焼酎麹の特性と製造上の役割」http://www.kitasangyo.com/pdf/e-academy/tips-for-bfd/BFD_34.pdf（2018 年 11 月 7 日最終閲覧）。

総務省「ICT の進化と『コトづくり』の広がり」『情報通信白書 25 年版』http://www.soumu.go.jp/johotsusintokei/whitepaper/ja/h25/html/nc111310.html（2019 年 5 月 5 日最終閲覧）。

総務省「消費者物価指数」http://www.e-stat.go.jp/SG1/estat/List.do?bid=000001074221&cycode=0（2017 年 5 月 14 日最終閲覧）。

総務省『人口推計』各年版。

総務省『全国消費実態調査』各年版。

高尾佳史・高橋俊成・藤田晃子・松丸克己・溝口晴彦（2015）「樽酒中の成分が食品の旨味に及ぼす影響」『日本醸造協会誌』第 110 巻第 1 号，pp.48-55.

高橋伸夫（2012）「殻―（7）センスメーキング―」『赤門マネジメント・レビュー』11 巻 3 号。

高橋伸夫 HP，http://www.bizsci.net/readings/comment/weick1995comment.html，（2019 年 5 月 5 日最終閲覧）。

谷脇憲（2008）「作業技術・農業機械研究の一つの展望」『農業機械学会誌』70 巻 5 号，pp.1-2.

田場稔（1996）「沖縄の伝統産業―泡盛・黒糖・紅型の製造」『化学と教育』44（1），pp.6-7.

田村隆幸（2010）「ワイン中の鉄は，魚介類とワインの組み合わせにおける不快な生臭み発生の一因である」『日本醸造協会誌』第105巻第3号，pp.139-147.

中華人民共和國香港特別行政區政府衞生署 "Alcohol Consumption Per Capita in Hong Kong 2004-2017 data" https://www.change4health.gov.hk/en/alcohol_aware/figures/alcohol_consumption/index.html（2019年10月20日最終閲覧）.

堤浩子（2011）「清酒酵母の香気生成の研究」『生物工学会誌』第89巻第12号，pp.717-719.

都留康（2020）『お酒の経済学：日本酒のグローバル化からサワーの躍進まで』中公新書。

内閣官房（2012）「日本酒・焼酎の国家戦略推進：『ENJOY JAPANESE KOKUSHU（國酒を楽しもう）』プロジェクトの立ち上げについて」https://www.cas.go.jp/jp/seisaku/npu/policy04/pdf/20120511/kokushu.pdf（2019年12月8日最終閲覧）。

内閣府（2012）「國酒等の輸出促進プログラム」https://www.cas.go.jp/jp/seisaku/npu/policy04/pdf/20120511/kokushu.pdf（2019年4月15日最終閲覧）。

内閣府「国民経済計算」http://www.esri.cao.go.jp/jp/sna/data/data_list/kakuhou/files/files_kakuhou.html，2017年5月14日最終閲覧。

中村剛治郎（2018）「現代地域経済学の構築を求めて（1）」『龍谷政策学論集』第7巻第1・2合併号，pp.19-34.

中山穂孝・尾崎瑞穂（2019）「和歌山県新宮市におけるニューツーリズムの進展」『地理学論集』94巻1号，pp.1-10.

西野晴夫（2003）「最近のワイン醸造技術の流れ（フランスの現状より学ぶ）」『日本醸造協会誌』第98巻第11号，pp.756-767.

日刊経済通信社『酒類食品統計年報』各年版。

日刊経済通信社（2018）「明るさ見出したい本格焼酎市場：新取引基準施行後，需要にブレーキ」『酒類食品統計月報』2018年（平成30年）11月号，pp.55-60.

日刊経済通信社（2019）「主因なき不振に陥った清酒市場～2018年上位銘柄の出荷動向」『酒類食品統計月報』2019年（平成31年）2月号，pp.2-16.

日本酒造組合中央会HP「日本酒造組合中央会とは」https://www.japansake.or.jp/common/outline/index.html（2019年5月5日最終閲覧）。

日本醸造協会（2019）『第105回 経営セミナー：これからの酒類業界の新たな取組み』。

日本蒸留酒組合ホームページ「焼酎甲類の歴史」https://www.shochu.or.jp/whats/history2.html（2019年1月17日最終閲覧）。

日本政策投資銀行（2013）『清酒業界の現状と成長戦略』。

日本政策投資銀行（2017）『新しい焼酎の時代～香り高いプレミア焼酎と本格焼酎前線再北上の可能性』。

農林水産省「作物統計」各年版，http://www.maff.go.jp/j/tokei/kouhyou/sakumotu/index.html（2018年3月10日最終閲覧）。

農林水産省「農業経営統計調査」平成27年産米及び麦類の生産費，https://www.e-stat.go.jp/stat-search/files?page=1&layout=datalist&toukei=00500201&tstat=000001013460&cycle=7&year=20150&month=0&tclass1=000001013651&tclass2=000001019774&tclass3=000001101175（2019年10月19日最終閲覧）。

農林水産省「農産物検査結果」各年版，http://www.maff.go.jp/j/seisan/syoryu/kensa/kome/（2019年4月26日最終閲覧）。

農林水産省「平成30年産米の相対取引価格・数量（平成31年3月）」
http://www.maff.go.jp/j/seisan/keikaku/soukatu/attach/pdf/aitaikakaku-160.pdf（2019年4月26日最終閲覧）。

農林水産省「麦をめぐる事情について（大麦・はだか麦）（平成 31 年 3 月）」http://www.maff.go.jp/j/seisan/boueki/mugi_zyukyuu/attach/pdf/index-66.pdf（2019 年 4 月 26 日最終閲覧）。

橋本健二（2015）『居酒屋の戦後史』祥伝社新書。

八久保厚志（2007）「酒造業における経営近代化の嚆矢とその帰結：会津若松産地における会津酒造株式会社の事例」『人文学研究所報』40 巻，pp.23-32.

浜松翔平・岸保行（2018）「海外清酒市場の実態把握―日本酒の輸出と海外生産の関係―」『成蹊大学経済学部論集』第 49 巻第 1 号，pp.107-127.

原田保（2008）「コンテクストブランディングの可能性：関係のコンテクトを捉えた考察」『日本経営診断学会論集』第 8 巻，pp.21-25.

原田保・古賀広志（2016）「地域デザイン研究の定義とその理論フレームの骨子―地域デザイン学会における地域研究に関する認識の共有」地域デザイン学会誌『地域デザイン』第 7 号，pp.9-29.

原田信男（2005）『歴史の中の米と肉：食物と天皇・差別』平凡社。

比嘉賢一（2016）「泡盛古酒（クース）の魅力」『化学と教育』第 64 巻第 3 号，pp.122-125.

樋口あゆみ（2017）「『ほぼ日』におけるセンス・メーキングと時間間隔」http://www.dhbr.net/articles/-/4899?page=2（2018 年 12 月 2 日最終閲覧）。

樋口修（2009）「米制度」『経済分野における規制改革の影響と対策』国立国会図書館，pp.119-129.

広常正人（2014）「変わり行く日本酒」『生物工学会誌』第 92 巻第 4 号，pp.184-187.

福田敏之・蟻川幸彦（2014）「清酒用麹の特性評価に関する研究（2）」『長野県工業技術総合センター研究報告 9 号』，pp.171-173.

伏木亨（2008）『味覚と嗜好のサイエンス』丸善。

伏木亮（2017）『だしの神秘』朝日新聞出版。

藤田晃子（2011）「白ワインと清酒のシーフードとの相性」『日本醸造協会誌』第 106 巻第 5 号，pp.271-279.

藤田晃子（2015）「日本酒とチーズの好相性が科学的に実証される」，http://www.sakeonthetable.com/20150306.pdf（2018 年 12 月 27 日最終閲覧）。

藤本勝代・河口充勇（2010）『産業集積地の継続と革新―京都伏見製造業への社会学的接近―』文眞堂。

藤本隆宏・キム B. クラーク（1993）『製品開発力―実証研究 日米欧自動車メーカー 20 社の詳細調査―』ダイヤモンド社。

藤原隆夫（1974）「1890 年代における酒造改良運動の展開とその特質」『岩手大学教育学部研究年報』第 34 巻，pp.51-77.

古市明紀（1985）「清酒の製造方法の承認基準の特例取扱いについて―清酒の定義の歴史を中心として―」『日本醸造協會雑誌』第 80 巻第 9 号，pp.583-589.

プレジデント社『dancyu』2019 年 3 月号。

堀江修二（2012）『日本酒の来た道：歴史から見た日本酒製造法の変遷』今井出版。

前野高章・粟屋仁美・下斗米秀之（2016）「中小企業による海外市場創出戦略と地域経済活性化の関連性の研究」『敬愛大学総合地域研究』第 6 号，pp.129-141.

前野高章・粟屋仁美・下斗米秀之（2017）「中小企業による海外市場創出戦略と地域経済活性化の関連性の研究」『敬愛大学総合地域研究』第 7 号，pp.167-173.

松浦一幸（2011）「菩提酛のメカニズムと微生物の遷移」『生物工学会誌』第 89 巻第 8 号，pp.473-477.

松田松男（2004）「最近のわが国における清酒流通の変容に関する一考察」『史苑』第 64 巻第 2 号，pp.111-126.

松田實（2000）「本格焼酎-米焼酎」『日本醸造協会誌』第 95 巻第 11 号，pp.817-829.

松谷明彦（2010）『人口減少時代の大都市経済：価値転換への選択』東洋経済新報社。

水川侑（2009）「日本ビール産業の現況」『専修大学社会科学研究所月報』553-554 巻，pp.43-55.

右田圭司（2014）「規制産業の産業特質と経営革新―清酒製造産業の経営史的研究」立教大学博士学位申請論文。

溝尾良隆（2015）『改訂新版：観光学：基本と実践』古今書院。

三井俊（2016）「清酒に含まれるアミノ酸の分析について」http://www.aichi-inst.jp/shokuhin/other/up_docs/news1607-2.pdf（2019年9月23日最終閲覧）。

南方建明（2012）「酒類小売規制の緩和による酒類小売市場の変化」『大阪商業大学論集』第6巻第1号，pp.35-52.

八木京子（2019）「ツーリズム・コンテンツとストーリー戦略」池上重輔監修，早稲田インバウンド・ビジネス戦略研究会著『インバウンド・ビジネス戦略』日本経済新聞社，pp.200-234.

梁井宏（2019）「日本酒に安定をもたらした級別制度が現代に残した影響」https://jp.sake-times.com/knowledge/culture/sake_g_lost-100years_15（2019年4月30日最終閲覧）。

山岡洋（2001）「泡盛製造」『日本醸造協会誌』第96巻第11号，pp.736-742.

山田敏之（2015）「清酒製造企業の競争環境と製品イノベーションの特性」『大東文化大学紀要』第53巻，pp.295-314.

山田敏之（2016）「清酒製造企業の成長戦略の現状と課題：アンケート調査結果の報告」『経済研究』第29巻，pp.31-53.

山本六男（1965）「しょうちゅう乙類製造業の近代化」『日本醸造協會雑誌』第60巻第6号，pp.466-469.

吉田清（2006）「きょうかい酵母清酒用1801号―新規優良清酒酵母の育種・開発の経緯―」『日本醸造協会誌』第101巻第12号，pp.910-922.

吉田元（1993）「外国人による清酒の紹介（Ⅲ）」『日本醸造協会誌』第88巻第4号，pp.307-311.

米元俊一（2017）「世界の蒸留器と本格焼酎蒸留器の伝播について―本格焼酎の古式蒸留器の伝播を香料科学や調理学の立場から考える―」『別府大学紀要』No.58，pp.119-136.

琉球新報（2019）「泡盛 県産米で付加価値 定番化へプロジェクト始動 安定供給鍵」https://ryukyushimpo.jp/news/entry-873663.html（2019年5月10日最終閲覧）。

ワインと手土産「ボルドー格付け61シャトー一覧」http://wine-temiyage.com/bordeaux_grands_crus_classes_61/（2019年9月11日最終閲覧）。

和田美代子（2015）『日本酒の科学』講談社。

渡邉泰祐・塚原正俊・外山博英（2012）「沖縄の伝統発酵食品と微生物～泡盛を中心に～」『生物工学会誌』第90巻第6号，pp.311-314.

Besanko, David, David Dranove, Mark Shanley (2000) *Economics of Strategy*, John Wiley & Sons.（奥村昭博・大林厚臣監訳『戦略の経済学』ダイヤモンド社，2002年）

Chamberlin, E.H. (1933) *The Theory of Monopolistic Competition*, Harvard University Press.（青山秀夫訳『独占的競争の理論―価値論の新しい方向―』至誠堂，1966年）

Goode, J. (2014) *Wine Science: The Application of Science in Winemaking*, Mitchell Beazley.（梶山あゆみ訳『新しいワインの科学』河出書房新社，2014年）

INAO (2009) *GUIDE DU DEMANDEUR D' UNE APPELLATION D' ORIGINE (A.O.C./A.O.P.)*（自治体国際化協会パリ事務所訳「フランスの食と景観を生かした地域活性化策」『Clair Report』No.436，2016年）

Krugman, Paul. (1980) "Scale Economies, Product Differentiation, and the Pattern of Trade," *American Economic Review,* Vol. 70, No. 5, pp.950-959.

Krugman, Paul R. et al., (2016) *International Economics: Theory and Policy Tenth Edition*, Pearson.（山形浩生・守岡桜訳『クルーグマン国際経済学：理論と政策 原書第10版 上 貿易編』丸善出版，2017年）

Leibenstein, Harvey (1950) "Bandwagon, Snob, and Veblen Effects in the Theory of Consumers' Demand," *Quarterly Journal of Economics*, Vol. 64, No. 2, pp.183-207.

Ohta, T., R. Ikuta, M. Nakashima, Y. Morimitsu, T. Samuta and H. Saiki (1990) "Characteristic Flavor of Kansho-shochu (Sweet Potato Spirit)," *Agricultural and Biological Chemistry*, 54 (6), pp.1353-1357.

Pyle, Kenneth B. (1969) *The New Generation In Meiji Japan,* The Board of Trustees of the Leland Stanford Junior University. (松本三之介監訳, 五十嵐暁郎訳『欧化と国粋』講談社, 2013 年)

Sato, Jun & Ryo Kohsaka (2017) "Japanese sake and evolution of technology: A comparative view with wine and its implications for regional branding and tourism," *Journal of Ethnic Foods*, Volume 4, Issue 2, pp.88-93.

Thornton, James (2013) *American Wine Economics: An Exploration of the U.S. Wine Industry*, University of California Press.

University of Califonia (2016) *Sample Costs to Produce Rice.*

Veblen, Thorstein (1899) *The Theory of the Leisure Class,* Oxford Univ Pr. (村井章子訳『有閑階級の理論』筑摩書房, 2016 年)

Vigneron, Franck and Lester W. Johnson. (1999) "A review and a conceptual framework of prestige-seeking consumer behavior," *Academy of Marketing Science Review*, 1999 (1), pp.1-15.

Weick, Karl E. (1995) *Sensemaking in Organizations,* SAGE Publications. (遠田雄志・西本直人訳『センスメーキング イン オーガニゼーション』文真堂, 2001 年)

Wine-Searcher ホームページ "Wine-Searcher," http://www.wine-searcher.com (2019 年 9 月 11 日最終閲覧)

World Bank "Commodities Price Data (The Pink Sheet)" http://www.worldbank.org/en/research/commodity-markets (2019 年 5 月 5 日最終閲覧)

World Health Organization "Global Health Observatory data repository, Recorded alcohol per capita consumption, from 2010 Updated May 2018" http://apps.who.int/gho/data/node.main. A1039?lang=en (2019 年 5 月 5 日最終閲覧)

索　引

著者紹介

佐藤　淳 （さとう・じゅん）

金沢学院大学経済学部　教授

1962 年宮城県生まれ。1985 年東北大学経済学部卒。同年，日本開発銀行（現日本政策投資銀行）に入行。國酒（日本酒，単式蒸留焼酎）の振興業務等に従事。日本経済研究所を経て，2020 年 4 月より現職。専門：地域産業論。博士（総合社会文化）。国税庁「日本酒のグローバルなブランド戦略に関する検討会」委員（2019～2020 年度）。

國酒の地域経済学
伝統の現代化と地域の有意味化

2021 年 3 月 15 日　　第 1 版第 1 刷発行	検印省略

著　者　　佐　藤　　　淳

発行者　　前　野　　　隆

発行所　　株式会社　文　眞　堂

東京都新宿区早稲田鶴巻町 533
電 話 03（3202）8480
FAX 03（3203）2638
http://www.bunshin-do.co.jp/
〒162-0041 振替 00120-2-96437

製作・美研プリンティング
©2021
定価はカバー裏に表示してあります
ISBN978-4-8309-5110-7　C3033